Mathematik im Kontext

Herausgeber:
Prof. Dr. David E. Rowe
Prof. Dr. Klaus Volkert

Jacques Feldbau (1914–1945) war ein französischer Mathematiker, der in Strasbourg geboren wurde. Als Schüler von Ehresmann arbeitete er am Ausbau der algebraischen Topologie mit, indem er insbesondere eines der ersten Resultate in der Theorie der Faserungen bewies: Eine lokal triviale Faserung über einer zusammenziehbaren Basis ist global trivial. Die antisemitische Gesetzgebung des Vichy-Regimes machte es ihm unmöglich, zu unterrichten und ließ seinen Namen aus seinen Artikeln verschwinden. Feldbau starb in der Deportation.

Michèle Audin

Jacques Feldbau, Topologe

Das Schicksal eines jüdischen Mathematikers (1914–1945)

Springer Spektrum

Prof. Michèle Audin
Université de Strasbourg et CNRS
Strasbourg
France

Übersetzer:
Prof. Klaus Volkert
Universität Wuppertal
Wuppertal
Deutschland

Übersetzung der französischen Ausgabe: *Une histoire de Jacques Feldbau* von Michèle Audin.
Societé Mathématique de France, 2010.

ISSN 2191-074X
ISBN 978-3-642-25803-9
DOI 10.1007/978-3-642-25804-6

ISSN 2191-0758 (electronic)
978-3-642-25804-6 (eBook)

Mathematics Subject Classification (2010): 01A60

Bibliografische Information der Deutschen Nationalbibliothek
Die Deutsche Nationalbibliothek verzeichnet diese Publikation in der Deutschen Nationalbibliografie; detaillierte bibliografische Daten sind im Internet über http://dnb.d-nb.de abrufbar.

Springer Spektrum

Einbandentwurf: deblik

Gedruckt auf säurefreiem und chlorfrei gebleichtem Papier

Springer Spektrum ist eine Marke von Springer DE.
Springer DE ist Teil der Fachverlagsgruppe Springer Science+Business Media
www.springer-spektrum.de

Tels sont les faits: funestes, immondes et substantiellement incompréhensibles. Pourquoi, comment ont-ils eu lieu? Se reproduiront-ils?

Primo Levi, Monument à Auschwitz, in [63]

La lutte n'est pas égale entre la marée irrésistible de l'oubli qui, à la longue, submerge toutes choses, et les protestations désespérées mais intermittentes de la mémoire.

Vladimir Jankélévitch, cité dans [84]

Im Gedenken an Pierre Vidal-Naquet

In diesem Buch zeichnet Michèle Audin, die selbst im Bereich der Geometrie und Topologie arbeitet, die Geschichte von Jacques Feldbaus Leben und seinen Publikationen nach. Dazu verwendet sie die Manuskripte der Artikel Feldbaus, die im Archiv der „Académie des sciences" entdeckt wurden, geschriebene Zeugnisse von Personen, die ihn persönlich gekannt haben (Laurent Schwartz, André Weil, Charles Ehresmann, ...), und unveröffentlichte Dokumente unter anderem aus dem Nachlass von Élie und Henri Cartan. Sie traf Freunde von Jacques Feldbau, die ihr von ihm erzählten, was Audins Entschluss bekräftigte, dieses Buch zu schreiben.

Einleitung

Am Eingang der Bibliothek des „Institut de recherche mathématique avancée" (Akronym: IRMA) der Universität Strasbourg ist eine Marmortafel zu sehen, die in Goldbuchstaben folgende Inschrift trägt:

JACQUES FELDBAU
1914–1945
MORT POUR LA FRANCE

Da sich die Tafel vor einer mathematischen Bibliothek in Strasbourg befindet, liegt die Frage nahe, ob Feldbau ein Straßburger Mathematiker gewesen sei. Da er 1945 „pour la France", also für Frankreich, gestorben sein soll, könnte man vermuten, dass Feldbau in den Schlachten gegen Kriegsende gefallen wäre.

In der Tat wurde Jacques Feldbau in Strasbourg geboren und er war auch Mathematiker.

In Wahrheit aber wurde er als elsässischer Student verhaftet und als Jude nach Auschwitz gebracht; als Jude starb er am 22. April 1945, also kurz vor Kriegsende, in der Deportation an Erschöpfung, verursacht durch einen Todesmarsch im Konzentrationslager Ganacker.

⋆

Während eines kurzen Zeitraums hat Jacques Feldbau am Aufbau der Topologie mitgearbeitet. Der nachfolgende Text ruft die mathematischen Resultate in Erinnerung, die er erhalten hat. Weiterhin gebe ich einige Hinweise zu seiner Biografie und zu den Zeitumständen. Diese Hinweise beruhen auf Archivalien und auf Berichten von Zeitgenossen, die Feldbau gekannt haben, sowie auf Schilderungen und Erzählungen von einigen seiner Freunde und Verwandten. Aus Gründen der besseren Lesbarkeit habe ich die Mathematik (im Kap. 1) und die Biografie (im Kap. 2) getrennt behandelt. Dennoch wird der Leser schnell erkennen, dass man in diesem Bericht weder eine klare Grenzlinie zwischen der Mathematik und der Biografie ziehen kann noch zwischen der Biografie und der Geschichte – „Eine andere, die große Geschichte, die Welthistorie mit dem großen Hackebeil" ([71, Kapitel II], ein Zitat, das mir hier nicht unpassend erscheint).

Mit diesem Text möchte ich auch einen Beitrag zur Geschichte der Universität Strasbourg und ihres mathematischen Instituts leisten – allgemeiner noch zur Geschichte der Mathematik und der Mathematiker in Frankreich und in Europa während des ereignisreichen 20. Jahrhunderts.

Obwohl dieser Text „ein hoffnungsloser Protest der Erinnerung“ ist, wie Jankélévitch so treffend sagt, ist er doch auch als eine ernsthafte historische Arbeit gemeint. Obwohl ich keine Ausbildung als Historikerin habe, hoffe ich doch ausreichend sorgfältig gearbeitet zu haben, sodass professionellere Historiker mich nicht dafür kritisieren werden, dass ich in ihr Gehege eingedrungen bin.

Der vorliegende Text enthält neues unveröffentlichtes Quellenmaterial, zum Beispiel die Beschreibung und die Abbildungen der Note [34] (die ich im Archiv der „Académie des sciences“ in Paris gefunden habe). Auch die Briefe, die aus dem sich derzeit in Bearbeitung befindlichen Nachlass von Élie und Henri Cartan entstammen, sind bislang nicht publiziert worden. Vor allem gilt das aber für die Zeugnisse von Zeitgenossen, denn diese stammen von Zeitzeugen, von lebenden Zeitzeugen, für die das, worüber hier berichtet wird, keine Geschichte ist sondern eine Abfolge schrecklicher Ereignisse, die ihr Leben nachhaltig verändert haben. Ich hatte deshalb, wie man feststellen wird, mit den Schwierigkeiten zu kämpfen, die jede „Oral history“ bietet, die mir im vorliegende Falle mehr als sechzig Jahre nach den Ereignissen mitgeteilt wurde, wobei manche meiner Gesprächspartner ihre Geschichte schon oft erzählt hatten … und andere noch nie. Ich hoffe, diese Schwierigkeiten gemeistert zu haben, auf die ich, wie ich zugeben muss, nicht gefasst gewesen bin; dabei habe ich versucht, die Zeugen, ihre Erinnerungen, ihre Gefühle, die Geschichte und die Menschen, welche in ihren Berichten vorkamen, zu respektieren. Mit den niedergeschriebenen (und veröffentlichten) Berichten bin ich genauso verfahren. Man wird feststellen, dass ich kleinere Fehler (zum Beispiel in Angaben von Daten), die ich in den schriftlichen oder mündlichen Berichten feststellen konnte, nicht korrigiert habe (sondern nur auf sie hinweise).[1]

⋆

Ich bin mehr oder minder per Zufall zu diesem Projekt gekommen. Verschiedene Gründe haben mich dazu veranlasst, mich ernsthaft mit ihm zu beschäftigen. Eines dieser Motive war, dass ich mich verpflichtet fühlte, das mir Mitgeteilte weiterzugeben. Ein anderer Grund war, dass ich mich als Erbin dieser Geschichte empfand. Das liegt daran, dass ich meinerseits eine Nachfahrin dieser Schule der Geometrie und Differenzialtopologie bin, in die ich, was „Cartans Welt“ anbelangt, in Orsay von François Latour und Jean Cerf eingeführt worden bin. Was „Ehresmanns Welt“ angeht, so haben mich in Paris und in Genf Paulette Libermann und André Haefliger damit vertraut gemacht. Ein weiterer Grund war, dass sich so eine Gelegenheit bot, Laurent Schwartz zu ehren. Da die Welt der Mathematik klein ist, habe ich in dieser Geschichte meinen Mathematiklehrer am Lycée Condorcet in Paris, Jean Nordon, wiedergefunden, sowie meinen Kollegen Georges Glaeser (1918–2002), was weni-

[1] Alle Anmerkungen im vorliegenden Text, selbst diejenigen, die in Zitaten auftreten, stammen von mir.

ger unerwartet aber umso erfreulicher war.[2] Glaeser bin ich neben vielen anderen Gründen deshalb verbunden, weil ich die durch seine Pensionierung in Strasbourg freigewordenen Stelle seit 1987 innehabe.

⋆

Die wesentlichen Vorarbeiten wie die Befragung von Zeitzeugen und die Archivarbeiten bei der „Académie des sciences“, welche zur Niederschrift dieses Buches geführt haben, fanden im Jahr 2007 statt. Viele der Zeitzeugen, welche sich damals mit mir unterhalten haben, sind seitdem verstorben: Paulette Libermann am 10. Juli 2007, Yvonne Lévy am 1. August 2007, Jean Samuel am 6. September 2010, Pierre Lévy am 22. Januar 2011.

In der Geschichte, die ich hier erzähle, wie auch in der Mathematikgeschichte des 20. Jahrhunderts allgemein, spielt Henri Cartan eine wichtige Rolle; er starb am 13. August 2008.

Dieses Buch ist in natürlicher Weise eine Hommage an alle Genannten.

Erst nachdem mein Buch im Original erschienen war, bin ich Robert Francès begegnet, dem Weggenossen von Feldbau, der über dessen Tod berichtet hat. Leider war dies zu spät, um noch von seinen Erinnerungen profitieren zu können.

Zusatz bei der deutschen Ausgabe

Für die deutsche Ausgabe haben die Autorin und der Übersetzer Noten und Erklärungen in Zusammenarbeit hinzugefügt, um die französischen Kontexte für den deutschsprachigen Leser leichter verständlich zu machen.

[2] Der Mathematiker Georges Glaeser hat einen bekannten Satz über zusammengesetzte Funktionen bewiesen, aus dem beispielsweise folgt, dass eine gerade Funktion von x auch eine Funktion von x^2 ist. Später hat sich Glaeser der Didaktik der Mathematik zugewandt. Georges Glaeser war ein Sohn des Anwalts Leo Glaeser, eines der sieben jüdischen Opfer, die am 29. Juni 1944 in Rillieux-la-Pape auf Befehl von Touvier, Chef der Miliz von Lyon, erschossen wurden. Georges Glaeser bewirkte, dass dieser Milizchef 1973 wegen Verbrechen gegen die Menschlichkeit angeklagt wurde (Präsident Pompidou hatte ihn gerade begnadigt). Glaeser trug durch seine Aussage im Prozess 1994 zur Verurteilung von Touvier bei.

Inhaltsverzeichnis

Kapitel 1
Die Mathematik des Jacques Feldbau

Da ich mich mit Geometrie und Topologie beschäftige, kenne ich Jacques Feldbau schon lange als Name eines Spezialisten für die Theorie der Faserungen und die Homotopietheorie. Zum ersten Mal hörte ich seinen Namen sowie denjenigen von Ehresmann als Studentin in einer Vorlesung über Differenzialgeometrie, die Paulette Libermannan der Universität Paris 7 im Jahr 1975 hielt. Vor allem kenne ich natürlich „den" Satz von Feldbau, welcher die Faserungen über Sphären charakterisiert. Hätten Sie gewusst, dass Sie einen Satz von Feldbau benutzen, wenn Sie die Aussage verwenden, dass die Angabe einer Faserung über dem Kreis äquivalent ist zur Angabe eines Homöomorphismus der Faser in sich? Eine Folgerung aus einem anderen Satz von Feldbau, die Sie vielleicht ebenfalls ohne es zu wissen verwenden, besagt, dass eine Faserung über einer zusammenziehbaren Basis trivialisierbar ist.

In diesem Kapitel gebe ich zuerst in Abschn. 1.1 eine Liste der Publikationen von Jacques Feldbau und beschreibe deren Besonderheiten. Ich fasse die Inhalte der Artikel zusammen und erläutere, wie deren Publikation zustande kam – folglich muss ich auf die politischen Kontexte, insbesondere auf die französische Rechtsgebung des Jahres 1940, welche die Ausschließung der Juden festschrieb, eingehen. In Abschn. 1.3 bespreche ich Erinnerungen, welche Mathematiker niedergeschrieben haben, insbesondere diejenigen von Charles Ehresmann, André Weil, Laurent Schwartz, Georges Reeb, Henri Cartan und Georges Cerf. Schließlich diskutiere ich in Abschn. 1.4 speziell die Rolle, welche die „Académie des sciences" bei den Publikationen von Jacques Feldbau gespielt hat, und allgemein die Situation jüdischer Wissenschaftler unter dem Vichy-Regime (ausführlicher hierzu [8, 11]).

1.1 Liste der Publikationen von Jacques Feldbau

Das veröffentlichte mathematische Werk von Jacques Feldbau besteht aus ungefähr 30 Seiten. Es folgt eine chronologische Liste seiner Artikel. Alle Verweise in eckigen Klammern beziehen sich hier wie im gesamten Buch auf die alphabetisch geordnete Bibliografie am Ende des Textes (deshalb erscheinen die Ordnungszah-

M. Audin, K Volkert, *Jacques Feldbau, Topologe,* Mathematik im Kontext,
DOI 10.1007/978-3-642-25804-6_1,

len hier nicht in ihrer natürlichen Reihenfolge). Dieser Liste liegen die Informationen zugrunde, welche ich aus dem mathematischen Referateblatt „Mathematical Reviews“ (unter den Autorennamen Feldbau und Laboureur) entnommen habe, sowie Hinweise, welche ich Michel Zisman [97] verdanke.

- [38] J. FELDBAU – „Sur la classification des espaces fibrés“, Comptes Rendus de l'Académie des Sciences, Paris **208** (1939), S. 1621–1623.
- [36] C. EHRESMANN & J. FELDBAU – „Sur les propriétés d'homotopie des espaces fibrés“, Comptes Rendus de l'Académie des Sciences, Paris **212** (1941), S. 945–948.
- [34] C. EHRESMANN – „Espaces fibrés associés“, Comptes Rendus de l' Académie des Sciences, Paris **213** (1941), S. 762–764.
- [56] J. LABOUREUR – „Les structures fibrées sur la sphère et le problème du parallélisme“, Bulletin de la Société Mathématique de France **70** (1941), S. 181–186.
- [57] J. LABOUREUR – „Propriétés topologiques du groupe des automorphismes de la sphère S^n“, Bulletin de la Société Mathématique de France **71** (1943), S. 206–211.
- [39] J. FELDBAU – „Sur la loi de composition entre éléments des groupes d'homotopie“, Séminaire Ehresmann, Topologie et géométrie différentielle **2** (1958–60), S. 0–17.

Diese Liste weist einige ungewöhnliche Aspekte auf:

- einen Artikel, [34], dessen Autor nicht Feldbau ist,
- zwei Artikel, [56, 57], die unter einem Pseudonym publiziert wurden,
- die „Comptes rendus de l'Académie des sciences“ werden im Falle der kurzen Noten [56] und [57] ersetzt durch das „Bulletin de la Société Mathématique de France“,
- einen Artikel, [39], welcher mehr als dreizehn Jahre nach dem Tod seines Autors veröffentlicht wurde.

Diese Besonderheiten sollte die Geschichte, die hier erzählt wird, erklären – und sie wird auch deutlich machen, warum diese „seltsame“ Liste tatsächlich eine Zusammenstellung der Publikationen von Jacques Feldbau ist.

1.2 Feldbaus Sätze

Es folgt zu Beginn eine knappe Beschreibung der Inhalte der oben genannten Artikel.[1]

[1] Der Inhalt dieses und des nächsten Abschnitts findet sich bereits in meinem Artikel [8]. In dieser Veröffentlichung habe ich infolge der Entdeckung des Manuskripts von [34] die Publikationen allgemein und insbesondere diejenigen durch die „Académie des sciences“ von jüdischen französischen Wissenschaftlern untersucht.

1.2.1 Sur la classification des espaces fibrés (Zur Klassifikation der Faserungen)

Es handelt sich hierbei um die Note [38] (Abb. 1.1). Diese wurde von Élie Cartan[2] in der Sitzung am 15. Mai 1939 vorgelegt, erschien aber erst im Faszikel vom 22. Mai. Man sollte sich daran erinnern, dass man in jener Zeit dabei war, die Theorie der gefaserten Räume zu erfinden. Hierzu trug Feldbau mit seiner Note bei, wie ihr erster Satz belegt:

> Gefaserte Räume wurden von Herrn Seifert[3] im Falle dreidimensionaler Mannigfaltigkeiten mit Kreisen als Fasern eingeführt. Herr Withney hat gewisse durch Sphären gefaserte Räume untersucht. Im Folgenden werden wir beliebige Fasern behandeln.

Man beachte, dass „beliebig“ hier „beliebige Mannigfaltigkeiten“ meint: Für Feldbau wie für Ehresmann und alle anderen hier erwähnten Mathematiker waren die von ihnen betrachteten Räume stets Mannigfaltigkeiten. In jener Zeit existierte die Unterscheidung zwischen Differenzialgeometrie und Topologie noch nicht. Die fraglichen „gefaserten“ Räume würden in moderner Ausdrucksweise „Blätterungen“ genannt; sie treten in der Tat in der zitierten Dissertation [83] im Jahre 1933 auf. Bei Seifert ist der Totalraum eine dreidimensionale Mannigfaltigkeit, die „Fasern“ sind Kreise, die Mannigfaltigkeit ist lokal diffeomorph zu $\mathbf{R}^3 = \mathbf{R}^2 \times \mathbf{R}$. Unter diesem Diffeomorphismus entsprechen die Fasern oder Blätter $\{a\} \times \mathbf{R}$. Es gibt eine Projektion auf den Raum der Blätter.

Eine lokal triviale Faserung ist ein Raum E zusammen mit einer Projektion p auf einen anderen Raum B, sodass es eine Überdeckung von B mit offenen Mengen U gibt, wobei $p^{-1}(U)$ fasernweise homöomorph ist zu einem Produkt $U \times F$. Das drückt man durch ein Diagramm

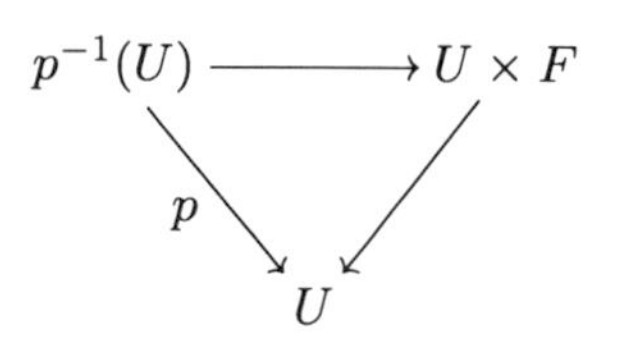

aus, das selbstverständlich kommutativ ist.

Bei Seifert gibt es keine lokale Trivialität, gewisse Fasern können „Ausnahmefasern“ sein. Das lokale Modell einer Seifert-gefaserten Mannigfaltigkeit ist der Quotient des Volltorus $D^2 \times S^1$ unter der Operation des Kreises

$$u \cdot (w, z) = (u^m w, u^n z) \text{ , mit } m, n \in \mathbf{Z} \text{ relativ prim .}$$

In dieser Formel sind u, v und w komplexe Zahlen und der operierende Kreis ist der Einheitskreis der komplexen Zahlen vom Betrag 1, w bezeichnet ein Element der

---

[2] Élie Cartan (1869–1951), seit 1931 Akademiemitglied und Doktorvater von Ehresmann, weshalb es naheliegend war, dass Cartan die Note des Ehresmann-Schülers Feldbau vorlegte.

[3] Herbert Seifert (1907–1996) reichte seine (zweite) Dissertation „Topologie dreidimensionaler gefaserter Räume“ 1932 in Leipzig ein.

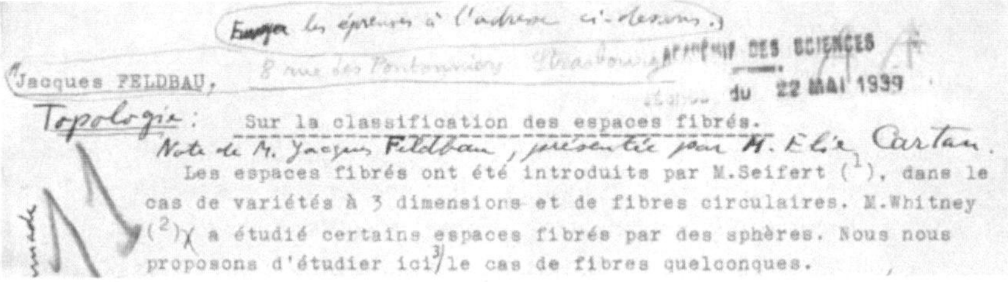

Jacques FELDBAU,

Topologie : Sur la classification des espaces fibrés.

Note de M. Jacques Feldbau, présentée par M. Élie Cartan.

Les espaces fibrés ont été introduits par M.Seifert (1), dans le cas de variétés à 3 dimensions et de fibres circulaires. M.Whitney (2) a étudié certains espaces fibrés par des sphères. Nous nous proposons d'étudier ici le cas de fibres quelconques.

ACADÉMIE DES SCIENCES du 22 MAI 1939

Abb. 1.1 Das Manuskript von [38]

Einheitskreisscheibe, z ist ebenfalls eine komplexe Zahl vom Betrag 1; die mittlere Faser im „Zentrum“ $w = 0$ ist eine Ausnahmefaser.

Abbildung 1.2 stellt einige Fasern im Falle von $m = 1$ und $n = 2$ dar; die mittlere Faser ist fett gedruckt, einige anderen Fasern sind angedeutet. Der Zylinder hat die Form $D^2 \times [0, 1]$, es handelt sich um eine Blätterung. Verklebt man seine beiden Enden, so erhält man einen Torus, den man aber nicht – auch nicht lokal – als Produkt schreiben kann. Alle Fasern sind Kreise; mit Ausnahme der mittleren Faser selbst umschlingen sie diese alle zweifach.

In [95] hat auch Whitney[4] Faserungen betrachtet. Wie bei Feldbau sind diese lokal trivial, aber bei Whitney sind die Fasern Sphären. 1935 hielt Whitney in Moskau „einen wichtigen Vortrag über Sphärenbündel“, wie Weil bemerkt. ([94, S. 120]) Diesen Quellenangaben ist noch der Hinweis auf die Arbeiten von de Rham hinzuzufügen, welchen Élie Cartan bei Feldbau ergänzte.[5]

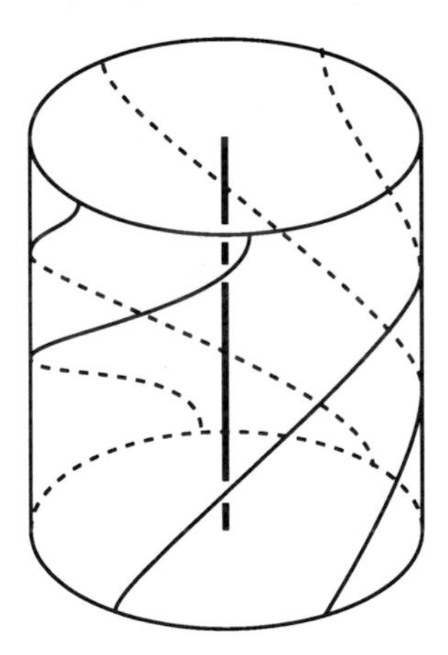

Abb. 1.2 Eine Ausnahmefaser in einem Seifert-gefaserten Raum

[4] Hassler Whitney (1907–1989) hat 1932 mit einer Dissertation über Graphentheorie in Harvard promoviert; er war einer der Begründer der Theorie der Mannigfaltigkeiten und der Differenzialtopologie

[5] Der schweizerische Mathematiker Georges de Rham (1903–1990) promovierte 1931 in Paris. Der Hinweis in Feldbaus Manuskript ist handschriftlich von Élie Cartan vorgenommen worden, der de

Ich habe gehört, dass Herr de Rham ungefähr dieselben Ergebnisse erzielt hat; diese sind aber meiner Kenntnis nach bislang unveröffentlicht geblieben.

All dies war damals sehr neu. In der Note Feldbaus sind die Fasern kompakte Mannigfaltigkeiten (verallgemeinern also die Kreise bei Seifert und die Sphären bei Whitney).

Die Resultate, die Feldbau in seiner Note beweist, lauten in leicht modernisierter Sprache so:

- „Eine Faserung über einem Simplex ist trivialisierbar" (das ist der Inhalt von Satz A). Die Faserung ist lokal trivial, also auch trivial über geeignet kleinen Simplizes. Das zentrale Lemma besagt dann: Ist die Faserung trivial über zwei Simplizes mit einer gemeinsamen Seitenfläche, so ist sie trivial über deren Vereinigung. Das deutet die Abb. (1.3) an.
- „Die Isomorphieklassen der Faserungen über der Sphäre S^n lassen sich bijektiv abbilden auf die Homotopieklassen der Abbildungen der Sphäre S^{n-1} in die Gruppe G der Automorphismen der Faser" – falls diese Gruppe zusammenhängend ist.[6] Das ist also der Inhalt von Satz B.
  Die beiden Hemisphären der Sphäre sind einzeln homöomorph zu einer Kreisscheibe, also zu einem Simplex. Folglich ist die Faserung über den Hemisphären von S^n trivialisierbar. Das deutet die Abbildung an. Um die Faserung wieder herzustellen, genügt es, die beiden Trivialisierungen entlang des Äquators S^{n-1} zu verkleben, was eine Abbildung von S^{n-1} in G liefert.
  Da Feldbau weiß, dass das Tangentialbündel zur Sphäre S^{2n} nicht trivialisierbar ist[7], schließt er, dass die Gruppe $\pi_{2n-1}(\mathrm{SO}(2n))$ der Homotopieklassen von

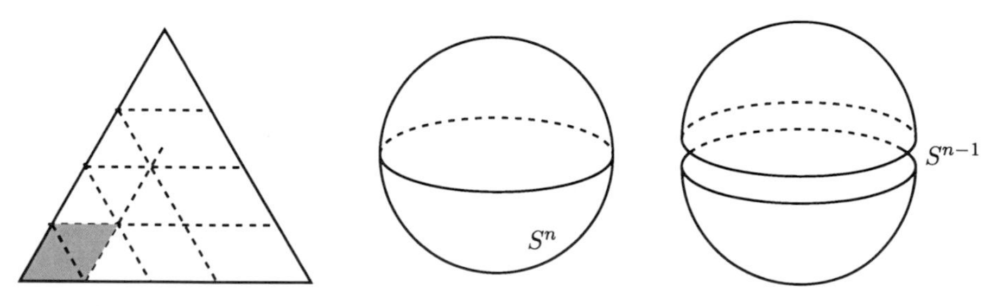

Abb. 1.3 Satz A und Satz B

Rham gut kannte. Soweit ich weiß, hat de Rham keine Resultate zu den in dieser Bemerkung angesprochenen Faserungen publiziert. In seinem Artikel [30] erwähnt sie de Rham im Rahmen seiner Erinnerungen an diese Zeit nicht. Allerdings gibt es in seinem Nachlass handgeschriebene Notizen über diese Frage. Ich danke Manuel Ojanguren für diese Information.

[6] Diese Voraussetzung fehlt in Feldbaus Note, ein Versehen, das er in [56] korrigierte. In dem Exemplar der „Comptes Rendus", das sich in der Bibliothek des IRMA in Strasbourg befindet, wurde diese Voraussetzung mit Bleistift am Rande hinzugefügt. Ehresmann? Oder Feldbau selbst? Wahrscheinlicher ist allerdings, dass ein anonymer Leser diesen Zusatz vorgenommen hat.

[7] Die Euler-Charakteristik einer Sphäre gerader Dimension ist immer 2, also ungleich Null. Folglich gibt es kein Vektorfeld, das auf S^{2n} nicht verschwindet. Damit ist a fortiori das Tangentialbündel von S^{2n} nicht trivialisierbar.

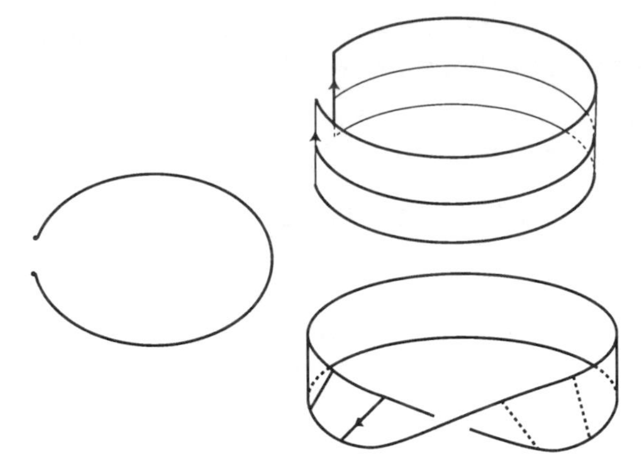

Abb. 1.4 Faserungen über dem Kreis

Abbildungen des Äquators S^{2n-1} in SO$(2n)$ ebenfalls nicht trivial ist. Homotopiegruppen zu berechnen ist keineswegs einfach; zur Zeit von Feldbau kannte man nur wenige.

Der Fall einer Faserung über dem Kreis ist besonders einfach: Man zerschneidet den Kreis in einem Punkt und erhält so eine Strecke (ein Simplex der Dimension 1). Dann trivialisiert man die Faserung über dieser Strecke. Um die Ausgangsfaserung wieder herzustellen, genügt es, die beiden Fasern durch einen Homöomorphismus zu verkleben. Die aus [6] entnommene Abb. 1.4 zeigt den Fall, dass die Fasern Intervalle sind: Je nachdem, welchen Homöomorphismus man verwendet, erhält man einen Zylinder oder ein Möbius-Band.

1.2.2 Sur les propriétés d'homotopie des espaces fibrés (Über die Homotopieeigenschaften von Faserungen)

Jacques Feldbau schrieb diese Note in Zusammenarbeit mit seinem Doktorvater Ehresmann.[8] Bei der Sitzung der Akademie am 4. Juni 1941 wurde die Note noch von Élie Cartan vorgelegt. In ihr werden einige grundlegende Sätze aus der Theorie der Faserungen bewiesen, insbesondere die Homotopiehochhebungseigenschaft, die man heute mithilfe der exakten Sequenz einer Faserung $p : E \to B$ ausdrückt:

$$\cdots \longrightarrow \pi_n(F) \longrightarrow \pi_n(E) \longrightarrow \pi_n(B) \longrightarrow \pi_{n-1}(F) \longrightarrow \cdots$$

[8] Die Liste derjenigen Mathematikerinnen und Mathematiker, die ganz oder teilweise bei Charles Ehresmann ihre Dissertation geschrieben haben, ist lang. Neben Jacques Feldbau seien hier nur die bekanntesten genannt: Georges Reeb, Wu Wen-Tsun, Lorenzo Calabi, Paulette Libermann, André Haefliger, Valentin Poenaru. Man vgl. hierzu den Artikel von André Haefliger [46]. Feldbau war der erste Doktorand von Ehresmann. Der 1905 geborene Ehresmann war somit noch ziemlich jung, er selbst hatte seine Dissertation bei Élie Cartan geschrieben und 1934 vorgelegt.

Analoge Resultate wurden etwa zeitgleich von Eckmann, Hurewicz und Steenrod[9] publiziert. Aufgrund der Zeitumstände war dies aber den Autoren Feldbau und Ehresmann nicht bekannt. Von Amerika aus bestätigt dies auch Weil in seiner Besprechung für die „Mathematical Reviews" im Jahre 1942. Die gleiche Information enthält ein Brief von Weil an Georges de Rham vom 15. Oktober 1941 (geschrieben in Haverford):

> Haben Sie die neue Note (Juni) von Ehresmann und Feldbau in den C. R. [Comptes Rendus de l'Académie des Sciences] gesehen? Leider sind ihnen Hurewicz und Steenrod in den Proc. Not. Ac. [Proceedings of the National Academy] vom vergangenen Januar zuvor gekommen[10]

1.2.3 Espaces fibrés associés (Assoziierte Faserungen)

Zu dieser Liste muss noch die Note [34] hinzugefügt werden, wie das auch Michel Zisman in [97] getan hat. Diese wurde am 27. Oktober 1941 immer noch von Élie Cartan vorgelegt und war nur von Ehresmann gezeichnet. Der Name Feldbau erscheint in dieser Note nicht. Deren erster Satz stellt allerdings fest (Abb. 1.5):

> Die hier dargelegten Resultate sind der Zusammenarbeit des Autors mit einem seiner Schüler zu verdanken; sie bilden die Fortsetzung einer vorangegangenen Note.

Man kann im vorliegenden Falle eigentlich nicht über den mathematischen Gehalt dieser Note sprechen, ohne die Art und Weise zu erwähnen, wie deren Publikation zustande kam. Tatsächlich hatte Ehresmann die Note an Élie Cartan gesandt mit den Namen der beiden Verfasser.

Die Namen der beiden Autoren wurden durchgestrichen und – wahrscheinlich von Élie Cartan– durch den Namen von Charles Ehresmann ersetzt (Abb 1.6). Ein weiterer Zusatz, der in gleicher Handschrift vorgenommen wurde, lautete ursprünglich:

> Die hier dargelegten Resultate sind der Zusammenarbeit des Autors mit Herrn Jacques Feldbau zu verdanken.

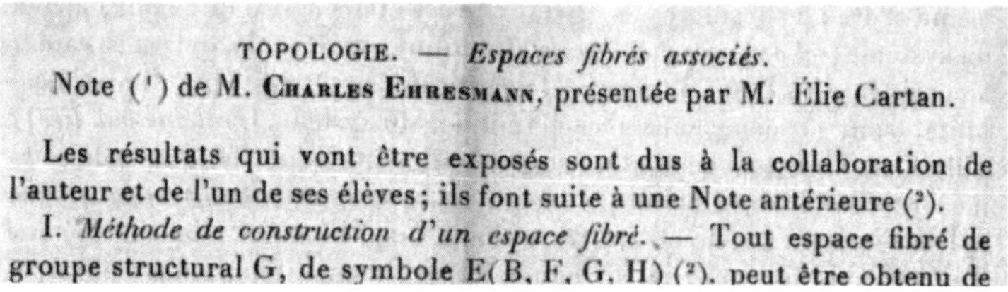

TOPOLOGIE. — *Espaces fibrés associés.*
Note (¹) de M. CHARLES EHRESMANN, présentée par M. Élie Cartan.

Les résultats qui vont être exposés sont dus à la collaboration de l'auteur et de l'un de ses élèves; ils font suite à une Note antérieure (²).
I. *Méthode de construction d'un espace fibré.* — Tout espace fibré de groupe structural G, de symbole E(B, F, G, H) (²), peut être obtenu de

Abb. 1.5 Anfang der Note [34] (publizierte Version)

[9] Der in Polen gebürtige Witold Hurewicz (1904–1956) promovierte 1926 in Wien. Er emigrierte vor dem Krieg in die USA; Hurewicz war einer der Entdecker der höheren Homotopiegruppen, das heißt von π_n mit $n \geq 2$. Norman Steenrod (1910–1971) hat in Princeton bei Lefschetz promoviert.

[10] Fonds Georges de Rham, Lausanne. Es ist schade, dass hier nur dieser Auszug aus diesem faszinierenden Brief wiedergegeben werden kann, da dieser sonst nichts mit unserem Thema hier zu tun hat.

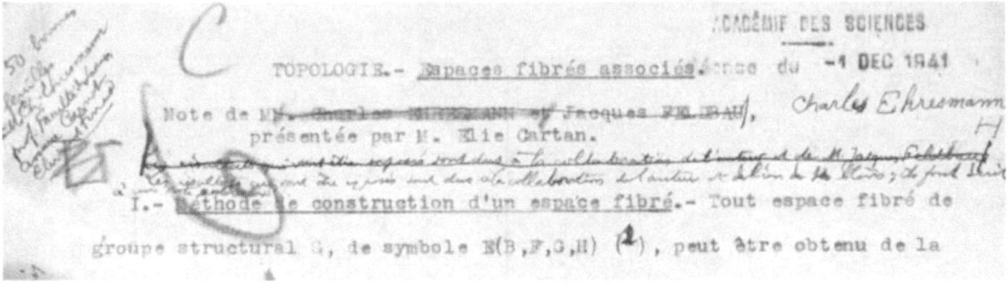

Abb. 1.6 Das Manuskript der Note [34]

Anschließend wurde auch diese Erwähnung gestrichen und durch die publizierte Version ersetzt. Um nun herauszufinden, wer der fragliche Schüler war, muss man die vorangehende Note lesen – vorsichtiger geht es kaum noch.

Antisemitische Tendenzen in Frankreich

Es scheint an dieser Stelle angebracht, die Chronologie der antisemitischen Gesetzgebung des Vichy-Regimes[11] in Erinnerung zu rufen. Die französischen Gesetze (genauer gesagt handelte es sich um Dekrete) mit dem Titel „Status der Juden" (im Original: „Statut des juifs"), welche die Juden vom öffentlichen Leben ausschlossen, stammen vom 3. Oktober 1940. Diese verwehrten insbesondere denjenigen Bürgern, die sich selbst als Juden bezeichneten, den Zugang zu einer Reihe von Ämtern im öffentlichen Dienst, insbesondere im Unterrichtswesen. Am 2. Juni 1941 wurden diese Gesetze ergänzt durch die Verpflichtung, die Juden in den Präfekturen[12] zu erfassen. Eine genaue Analyse dieser antisemitischen Maßnahmen gibt [84, Kap. 2], die Reaktionen der Universitäten behandelt [85]. Bezüglich der beiden hier betrachteten Fälle (Oktober 1940 und Juni 1941) verlangte einer der Artikel:

> Juden können ohne Einschränkungen und Ausnahmen keinen der nachfolgenden Berufe ausüben: Herausgeber, Betreiber, Redakteur einer Zeitung, Zeitschrift, einer Nachrichtenagentur oder eines Periodikums – ausgenommen hiervon sind Publikationen mit ausschließlich wissenschaftlichem Charakter.

[11] Nach dem siegreichen Vordringen der deutschen Armeen im Juni 1940, der Flucht der französischen Regierung nach Bordeaux und der Unterzeichnung des Waffenstillstands wurde der nördliche Teil Frankreichs besetzt und deutscher Verwaltung unterstellt; Elsass und Lothringen wurden von Frankreich abgetrennt und dem Gau Baden bzw. der Westmark weitestgehend angegliedert. Im Weiteren wurden diese Gebiete zunehmend wie alle deutschen Gebiete behandelt (z. B. was die Wehrpflicht anging). Marschall Pétain wurde Oberhaupt des „Etat français" (der die „freie Zone" bildete), dessen Regierung sich in Vichy, einem Thermalbad im Zentrum Frankreichs, niederließ. Das Vichy-Regime betrieb eine Politik der aktiven Kollaboration mit den deutschen Machthabern. Im Falle der hier darstellten antisemitischen Maßnahmen übertraf die französische Regierung sogar die deutschen Wünsche.

[12] Die Präfekturen sind die zentralen Verwaltungseinheiten der Départements in Frankreich und entsprechen in etwa Bezirksregierungen. Tatsächlich durchgeführt wurde die Erfassung von den Rathäusern.

Das sieht so aus, als wären wissenschaftliche Artikel von Juden toleriert worden. Die Wirklichkeit war jedoch eine andere.

Kehren wir zu Ehresmann und Feldbau zurück. Die Entscheidung war gewiss nicht einfach, vor allem nicht für Élie Cartan. Diesen beschreibt Camille Marbo[13] in [67, S. 171] als einen „transzendenten Mathematiker, der sehr mutig, sehr friedfertig, aber von zögerlicher Natur" sei. Vielleicht verursachten solche Bedenken bezüglich der Publikation der Note – selbst unter Nennung nur eines Autors – die ungewöhnliche Verzögerung zwischen dem Datum der Einreichung der Note (27. Oktober) und dem Datum der Sitzung (1. Dezember 1941), unter dem die Note publiziert wurde. Ehresmann selbst war zu Rate gezogen worden (vergleiche Abschn. 2.5, Briefwechsel Dieudonné – Cartan), was einige Zeit in Anspruch nahm, da er sich in der freien Zone, nämlich in Clermont-Ferrand, befand.

Selbst wenn Élie Cartan eine Publikation der Note mit beiden Autoren gewollt hätte, hätte die Akademie keinen Feldbau in ihren Veröffentlichungen geduldet. Letzterer hatte sicherlich noch nicht daran gedacht, unter einem Pseudonym zu publizieren.[14] Also verschwand der Autor Feldbau.

In der fraglichen Note werden die fundamentalen Begriffe „assoziierte Faserung" und „Prinzipalfaserung" definiert. Die Simplizes, über denen alle Faserungen trivialisierbar sind, werden hier durch allgemeine zusammenziehbare Räume ersetzt. Festzuhalten bleibt, dass der Name Feldbau beinahe vollständig aus dem Artikel verschwunden wäre. Das sieht man im Manuskript genau an der Stelle (Abb. 1.7), an der der Autor und sein Schüler einen Satz, den sie verbessern können, verallgemeinern ... ohne dass gesagt würde, von wem dieser Satz stammt.

Überraschenderweise findet sich diese kleine Anmerkung vollständig mit dem Namen des Autors von Satz A im publizierten Text. Ich habe diesen Vorgang genauer in [8] untersucht.

In der Nachfolge von [34, 36], veröffentlichte Ehresmann 1942 eine dritte Note [35], die „die Definitionen und Notationen der beiden vorangehenden Noten verwendet". Es ist durchaus möglich, dass Feldbau auch hierbei mitwirkte; das jedenfalls deutet ein Dokument aus dem Nachlass von Élie Cartan an, das wir hier reproduzieren.

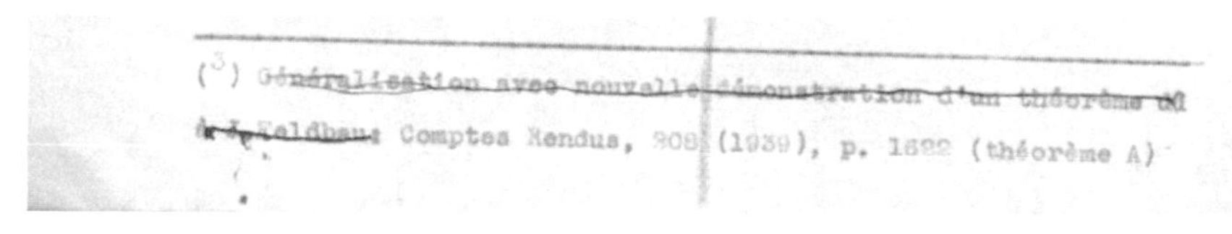
(3) Généralisation avec nouvelle démonstration d'un théorème de J. Feldbau; Comptes Rendus, 208 (1939), p. 1622 (théorème A)

Abb. 1.7 Eine Anmerkung, die hätte verschwinden können

[13] Camille Marbo – das ist der Künstlername von Marguerite Borel – war eine bekannte Schriftstellerin (die den Prix Femina erhalten hat) und Ehefrau des Mathematikers Émile Borel.

[14] Der Mathematiker André Bloch hatte sogar schon bevor Autoren mit jüdischen Namen aus den „Comptes rendus" verschwanden daran gedacht, unter einem falschen Namen zu veröffentlichen. Zu dieser Frage vergleiche man Abschn. 1.4 sowie die Artikel [8, 11].

Ein unveröffentlichtes Gutachten von Élie Cartan

Élie Cartan schrieb am 3. Juni 1942 ein Gutachten über die Arbeiten von Jacques Feldbau, das für die „Caisse des sciences" bestimmt war, eine Institution, welche Forschungsstipendien verteilte. Darin tritt die Affäre um die Note vom Herbst 1941 wieder in Erscheinung:

> Herr Feldbau ist französischer Staatsangehöriger; er wurde am 22. Oktober 1914 in Strasbourg geboren. 1938 wurde er „Agrégé de mathématiques"[15], seine Forschungen begann er im Oktober 1938 als Forschungsstipendiat am mathematischen Institut der Universität Strasbourg. Diese beschäftigen sich mit den Faserungen, einem Teilgebiet der Topologie, das in den letzten Jahren eine recht große Bedeutung gewonnen hat. Bis dato wurden diese Räume nur in Spezialfällen untersucht. In einer Note in den „Comptes Rendus" (Mai 1939) beschäftigt sich Herr Feldbau mit der Klassifikation im Allgemeinen, das heißt für eine beliebige Faser. Insbesondere enthält diese Note einen wichtigen Satz, der in neuesten Arbeiten ausländischer Geometer, die topologischen Eigenschaften sphärischer Räume betreffend, mehrfach aufgegriffen worden ist.
>
> Die Arbeiten von Herrn Feldbau wurden durch den Militärdienst im September 1939 und danach durch seine Lehrtätigkeit am Gymnasium von Châteauroux – in dem Monat, der zwischen seiner Demobilisierung (November 1940) und seiner Ausmusterung (Dezember 1940) lag – unterbrochen. Herr Feldbau hat dann seine Forschungen an der „Faculté des Sciences de Strasbourg, repliée à Clermont-Ferrand" [wörtlich: naturwissenschaftliche Fakultät der nach Clermont-Ferrand verlegten Universität Strasbourg[16]] unter der Leitung von Ch. Ehresmann wieder aufgenommen. Aus der Zusammenarbeit von Lehrer und Schüler ergaben sich zahlreiche neue Resultate. In einer Note vom Dezember 1941 über die Homotopieeigenschaften von Faserungen, die unter dem Namen beider Autoren erschien, und in einer Note vom Dezember 1941 über assoziierte Faserungen, die unter dem Namen von Herrn Ehresmann publiziert wurde, werden Beziehungen zwischen der Theorie der Faserungen und der Gruppentheorie hergestellt. Die zuletzt genannte Note enthält insbesondere eine wichtige Verallgemeinerung des „Satzes von Feldbau", der oben angesprochen wurde.
>
> [Herr Feldbau ist einer jener jungen französischen Mathematiker, von denen man sich mit Recht erhofft, dass sie das Ansehen, das sich Frankreich in der Geschichte der Mathematik erworben hat, weiter erhalten werden.][17]
>
> Zusammenfassend darf man feststellen, dass die Arbeiten von Herrn Feldbau schon wesentlich mehr enthalten als pure Versprechungen und dass es deshalb sehr wünschenswert ist, dass er über die Mittel verfügt, diese weiterzuführen.
>
> Paris, 3. Juni 1942
> Élie Cartan membre de l'Institut[18]

---

[15] Ein „Agrégé" ist jemand, der den „Concours" der „Agrégation" erfolgreich absolviert hat. Dieser Wettbewerb dient der Rekrutierung von Gymnasiallehrern; es bestehen immer nur so viele Kandidatinnen und Kandidaten, wie freie Plätze für die Einstellung in den staatlichen Schuldienst vorhanden sind. Vergleiche Ende Abschn. 2.2

[16] Die Universität Strasbourg war im September 1939 nach Clermont-Ferrand verlegt worden, vgl. unten Abschn. 2.5

[17] Der Satz in eckigen Klammern wurde von Élie Cartan gestrichen.

[18] Das „Institut de France" fasst die verschiedenen Pariser Nationalakademien zusammen. Cartan als Mathematiker war Mitglied („membre") der Akademie der Wissenschaften („Académie des sciences").

Spuren dieser Note [35] finden sich auch in den Arbeitsjournalen von Élie Cartan. Dort gibt es eine alphabetisch nach Autoren geordnete Liste der für die „Comptes rendus" eingereichten Noten aus den Jahren 1941, 1942 und 1943; unter Jacques Feldbau finden sich folgende Hinweise:

Feldbau 212 (1941^{i}) 945; 213 (1941^{ii}) 762; 214 (1942^{i}) 144

Aufgeführt sind hier die Bandnummer und die Jahrgänge der „Comptes rendus"; die hochgestellten römischen Zahlzeichen bezeichnen das Halbjahr. Schließlich ist noch jeweils die Seitenzahl der ersten Seite der Note angegeben. In der vorliegenden Reihenfolge entsprechen diese Angaben den Noten [34, 36] und [35]. Das zeigt, dass Cartan Feldbau als Mitautor der Note von Ehresmann aus dem Jahre 1942 betrachtete.[19]

1.2.4 Les structures fibrées sur la sphère et le problème du parallélisme (Faserungen über der Sphäre und das Problem des Parallelismus)

Wir kommen nun zu dem Artikel [56], dem ersten, den Feldbau unter dem leicht zu durchschauenden Pseudonym Jacques Laboureur veröffentlicht hat: „Le labourage" ist ein altes französisches Wort für den Feldbau. Es handelt sich dabei um eine Mitteilung an die Sektion der Französischen Mathematikergesellschaft (SMF: Société Mathématique de France) vom 16. April 1942 zu Clermont-Ferrand[20] Feldbau korrigiert darin die Aussage von Satz B, der oben erwähnt wurde (die, wie schon erwähnt, nur zutrifft, wenn G zusammenhängend ist). Weiter untersucht er mit homotopietheoretischen Mitteln die Parallelisierbarkeit der Sphäre S^n.

1.2.5 Propriétés topologiques des automorphismes de la sphère (Topologische Eigenschaften der Automorphismen der Sphäre)

Der letzte Text, den Jacques Feldbau zu Lebzeiten veröffentlichte, ist [57]. In diesem untersucht er – noch immer unter dem Namen Laboureur – die Beziehungen zwischen der Gruppe der Homöomorphismen vom Grad $+1$ der Sphäre in sich und der

[19] Dieses Dokument gehört zum Nachlass Cartans, der gegenwärtig bearbeitet wird.

[20] Diese Sektion versammelte sich recht regelmäßig, Clermont befand sich im Frühjahr 1942 noch in der „freien" Zone (bis zum 11. November). In diesem Frühjahr behandelte sie am 16. April Faserungen; es gab Mitteilungen von de Rham, Ehresmann und (Feldbau-)Laboureur. Am 21. Mai fand ein weiteres Treffen statt, bei dem man Laurent Schwartz hörte, am 21. Mai trugen Roussel und Delange vor. Bezüglich der mathematischen Aktivitäten in Clermont-Ferrand vergleiche man auch Abschn. 2.5.

Gruppe der Rotationen. Der Rezensent der "Mathematical Reviews", Hans Samelson,[21] hatte schon angemerkt, dass es einen Fehler in Feldbaus Beweis gibt. Dieser glaubte bewiesen zu haben, dass es eine Deformationsretraktion der Gruppe der Homöomorphismen der Sphäre S^n auf die orthogonale Gruppe $O(n + 1)$ gäbe; heute weiß man jedoch, dass dies für $n \geq 5$ falsch ist (für Einzelheiten hierzu vergleiche man den von einem Spezialisten geschriebenen, aber dennoch auch für Nicht-Spezialisten lesbaren Artikel von Douady [32] über die Arbeiten von Jean Cerf. In diesem wird die Aussage aus [57] als „Vermutung von Feldbau" bezeichnet.).

1.2.6 Sur la loi de composition entre éléments des groupes d'homotopie (Über das Gesetz der Komposition von Elementen aus Homotopiegruppen)

Hierbei handelt es sich um einen posthum und mit Verzögerung erschienen Artikel [39].[22] In diesem untersucht Feldbau die Abbildungen von einem Produkt von Sphären in einen Raum. Es folgt die Einleitung, die Ehresmann dieser Veröffentlichung vorangestellt hat:

> Diese Abhandlung wurde von Jacques Feldbau 1942 geschrieben. Ihr Autor hat sie in meinem wöchentlichen Seminar an der von 1939 bis 1945 nach Clermont-Ferrand verlegten Universität Strasbourg vorgestellt. Feldbau wollte die Abhandlung in seine in Arbeit befindliche Dissertation einfließen lassen, die der Theorie der Faserungen und Problemen der Homotopietheorie gewidmet sein sollte. Er wollte dort auch die Resultate ausführlich entwickeln, welche in vorläufiger Weise in den folgenden Abhandlungen: J. Feldbau, Sur la classification des espaces fibrés, Comptes Rendus, 208, S. 1621, 1939. In Zusammenarbeit mit C. Ehresmann: Sur les propriétés d'homotopie des espaces fibrés, Comptes Rendus, 212, S. 945–948, 1941. J. Feldbau (unter dem Namen J. Laboureur): Les structures fibrées sur la sphère et le problème du parallélisme, Bull. Soc. Math. de France, 70, S. 181–186, 1941 [*sic*], J. Feldbau (unter dem Namen J. Laboureur): Propriétés Topologiques du groupe des automorphismes de la sphère S_n [*sic*][23], Bull. Soc. Math. de France, 71, S. 206–211, 1943 enthalten sind.
>
> J. Feldbau konnte seine Arbeit nicht vollenden: 1943 wurde er festgenommen und nach Deutschland deportiert, wo er an Entkräftung kurz vor Kriegsende starb.
>
> Das Manuskript der hier publizierten Arbeit wurde 1945 wieder aufgefunden. 1946 hatte ich Gelegenheit, es J. H. C. Whitehead zu zeigen, der 1941 einen Artikel über denselben Gegenstand veröffentlicht hatte, der allerdings während des Krieges in Clermont-Ferrand nicht zugänglich war. Die Idee des Kompositionsgesetzes, die von J. H. C. Whitehead eingeführt wurde, wird von A. Weil summarisch J. Feldbau zugeschrieben.

[21] Hans Samelson (1916–2005), in Strasbourg gebürtiger deutscher Mathematiker. Samelson verließ 1936 Breslau wegen der Nationalsozialisten, er beendete seine Studien in Zürich, bevor er 1941 in die Vereinigten Staaten emigrierte

[22] Für eine mögliche Erklärung dafür, dass diese Publikation zu diesem Zeitpunkt erschien, vergleiche man Abschn. 3.5

[23] Feldbau schreibt im Titel seiner Arbeit S^n, wie wir das heute auch tun und wie es Ehresmann selbst in den 1940er-Jahren tat (vergleiche Abschn. 2.5, Teil Jacques Laboureur); in den 1950er-Jahren und unter den Mitarbeitern von Bourbaki neigte man eher zu S_n.

Die Mehrzahl der Resultate, die in Feldbaus Abhandlung enthalten sind, finden sich in anderen Arbeiten, welche seit 1941 erschienen sind. Dennoch verdient diese Abhandlung selbst eine verspätete Veröffentlichung.

Wenn ich, indem ich diese Einleitung von Ehresmann zitiere, nochmals die Publikationsliste von Jacques Feldbau reproduziere, so geschieht dies vor allem deshalb, weil diese Liste aus mir nicht bekannten Gründen die Note [34] nicht enthält. Dabei ist es unwahrscheinlich, dass Ehresmann 1958 vergessen habe sollte, dass Feldbau – wenn auch in der Endfassung unerwähnt – einer ihrer Autoren gewesen ist.

Doch kommen wir nun zum Inhalt dieses Artikels. Jacques Feldbau definiert zuerst das, was wir heute „Whitehead-Produkt" nennen

$$\pi_p(X) \times \pi_q(X) \longrightarrow \pi_{p+q-1}(X) ,$$

wobei X ein punktierter topologischer Raum ist, dessen Grundpunkt mit $\star$ bezeichnet werde. Dann notiert Feldbau ein „Heegard-Diagramm" für die Sphäre S^{p+q-1},

$$S^{p+q-1} = S^{p-1} \times D^q \cup_{S^{p-1} \times S^{q-1}} D^p \times S^{q-1} = \partial(D^p \times D^q) .$$

Im Falle der Sphäre S^3 ($p = q = 2$) handelt es sich um das Standard-Heegard-Diagramm vom Geschlecht 1. Dieses stellt die Sphäre als Vereinigung zweier Volltori dar. Dic Abb. 1.8 gibt den Fall der Sphäre S^2 ($p = 1$ und $q = 2$) wieder.

Sind die Abbildungen

$$f : (D^p, S^{p-1}) \longrightarrow (X, \star) \text{ und } g : (D^q, S^{q-1}) \longrightarrow (X, \star)$$

Repräsentanten eines Elements (α, β) von $\pi_p(X) \times \pi_q(X)$, so definiert Feldbau dessen Bild $[\alpha, \beta]$ als die Homotopieklasse von

$$\begin{aligned} h : S^{p+q-1} &\longrightarrow X \\ z &\longmapsto \begin{cases} g(y) \text{ falls } z = (x, y) \in S^{p-1} \times D^q \\ f(x) \text{ falls } z = (x, y) \in D^p \times S^{q-1} \end{cases} \end{aligned}$$

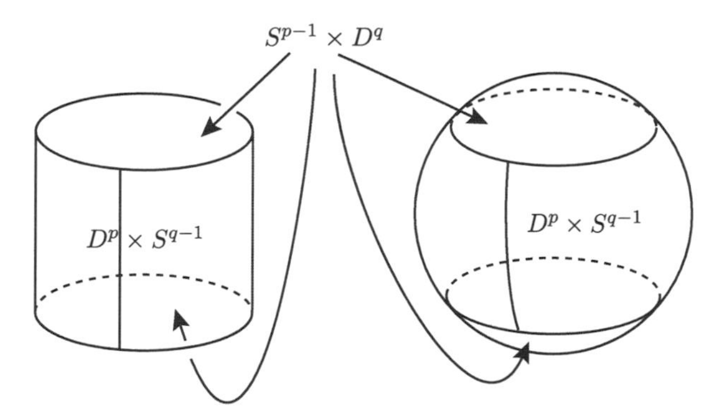

Abb. 1.8 Heegaard-Diagramm

Die Notation rührt daher, dass für $p = q = 1$ $[\alpha, \beta] = \alpha\beta\alpha^{-1}\beta^{-1} \in \pi_1(X)$ der Kommutator von α und β ist. Für $p = 1$ erhält man die klassische Operation der Fundamentalgruppe auf den Homotopiegruppen.

Anschließend wendet er diese Konstruktion an, um die Abbildungen aus einem Produkt von Sphären in einen topologischen Raum X zu untersuchen. Im allerletzten Teil benutzt er den Fall $p = q = n$, um $\pi_{2n-1}(S^n)$ zu ergründen. Dabei verwendet Feldbau ein Resultat von Freudenthal aus dem Jahre 1939: Für n gerade existiert mit Ausnahme von $n = 2, 4, 8$ eine Abbildung $S^{2n-1} \to S^n$ mit Hopf-Invariante 1. Dieser allerletzte Teil des unvollendeten Manuskripts trägt die Überschrift „Kérékjarto-Gruppen"[24]; es handelt sich dabei um toroidale Homotopiegruppen.

Bezüglich der Geschichte der Topologie und der Faserungen vergleiche man das Buch [31], für die Homotopietheorie den Artikel [33], vor allem aber das Buch [52], insbesondere den Artikel [97] von Michel Zisman, der unserer Darstellung hier zugrunde liegt.

1.3 Erinnerungen von Mathematikern

Ein Gutachten von Charles Ehresmann

Der erste Band der sämtlichen Werke von Ehresmann enthält die Reproduktion eines handgeschriebenen Entwurfs von Ehresmann, die Arbeiten Feldbaus betreffend:

> Gutachten zu den Arbeiten von Jacques Feldbau
>
> J. Feldbau hat seine mathematischen Forschungen von 1939 bis 1943 unter der Leitung von C. Ehresmann zuerst an der Universität Strasbourg, dann – nach dem Waffenstillstand von 1940 – in Clermont-Ferrand durchgeführt. 1943 wurde er verhaftet und nach Deutschland deportiert. Aus diesem Grund konnte er seine Dissertation nicht beenden. Jedoch wären die Resultate, die er erhalten hatte und die er teilweise publizierte oder im Seminar von Ehresmann präsentierte, ausreichend gewesen, um den Inhalt einer exzellenten Dissertation in Mathematik zu bilden. Feldbau hatte einen allgemeinen Entwurf für seine Dissertation erstellt und mit deren Niederschrift begonnen; er rechnete damit, seine Dissertation vor Ende des akademischen Jahres 1943–44 verteidigen zu können. Im Rahmen seiner Forschungen beschäftigte sich Feldbau hauptsächlich mit der Theorie der Faserungen und der Homotopietheorie, die sich 1939 beide noch in ihren Anfängen befanden. Explizit wurden gefaserte Räume 1933 von Seifert für den Fall dreidimensionaler Mannigfaltigkeiten, welche durch Kreise gefasert werden, eingeführt. Der Begriff der gefaserten Räume wurde von Whitney auf den Fall von Mannigfaltigkeiten, die durch euklidische Sphären gefasert werden, verallgemeinert. Die Note, die er [Feldbau] 1941 in Zusammenarbeit mit C. Ehresmann veröffentlichte, definierte allgemein Faserungen mit einer Strukturgruppe G.

[24] Obwohl es klar ist, dass Austauschmöglichkeiten infolge des Krieges fehlten und dass dies die französischen und die amerikanischen Topologen hinderte, zu wissen, was die Kollegen auf der anderen Atlantikseite taten, verstehe ich nicht so recht, was die Amerikaner daran hinderte, das 1923 erschienene Buch von Kérékjarto [53] zu zitieren, das auf den Seiten 13 und 14 eine nicht allzu vage Skizze der Definition dieser Gruppen im Falle $p = q = 1$ enthält.

Abb. 1.9 Charles Ehresmann

Die erste, 1939 publizierte Note von J. Feldbau enthielt den folgenden Satz: Eine Faserung, deren Basisraum ein Simplex ist, ist isomorph zum Produkt dieses Simplex mit einer Faser. Im ersten Kapitel seiner Dissertation wollte Feldbau detailliert die Theorie der Homotopiegruppen von Hurewicz darlegen. Zu jener Zeit war diese nur durch einige kurze Noten bekannt. Die Homotopieeigenschaften von Faserungen bilden den Hauptgegenstand einer Note, die Feldbau in Zusammenarbeit mit Ehresmann veröffentlichte. Darin findet man der Sache nach den Satz über das Hochheben von Homotopien und die exakte Fasersequenz.[25] In einem anderen Artikel, der unter dem Namen J. Laboureur im „Bulletin de la Société Mathématique de France" erschien, untersuchte J. Feldbau Faserungen über einer Sphäre S_n. Er zeigte, dass jede Isomorphieklasse von Faserungen einer oder mehreren Homotopieklassen von S_{n-1} in der topologischen Strukturgruppe G entspricht. Zugleich wurde er auf das Studium parallelisierbarer Sphären geführt.

In einem weiteren Artikel im „Bulletin de la Société Mathématique de France" behandelt Feldbau folgendes Problem: Ist es möglich, dass sich die Strukturgruppe einer Faserung mit sphärischen Fasern auf die orthogonale Gruppe reduzieren lässt? Er dachte, die Antwort auf diese Frage sei affirmativ. Sein Beweis jedoch enthielt eine Lücke bezüglich der Topologie der Automorphismengruppe einer Sphäre. Dennoch kommt dieser Publikation Feldbaus das Verdienst zu, vertiefende Forschungen zu diesem sehr wichtigen Problem angeregt zu haben[26]. Das letzte von Feldbau vorbereitete Manuskript behandelte die Homotopieklassen von Abbildungen eines Produkts von Sphären $S_p \times S_q$ in einen Raum E. Feldbau hat dieses Manuskript nicht veröffentlicht, wohl aber hat er seine Ergebnisse 1943 im Seminar von C. Ehresmann vorgestellt. Im Moment der Wiederentdeckung des Manuskripts nach dem Krieg[27] waren diese Resultate überholt aufgrund der Publikationen von J. H. C. Whitehead und Fox. In diesem Manuskript untersuchte Feldbau das Kompositionsgesetz für zwei Homotopiegruppen $\pi_p(E)$ und $\pi_q(E)$, das heute als Whitehead-Produkt bekannt ist. In

---

[25] Auch hier vergisst Ehresmann wieder zu erwähnen, dass Feldbau in Kooperation mit ihm in der von ihm ausführlich besprochenen Note [34] die assoziierten Faserungen eingeführt hatte.

[26] Vergleiche hierzu Abschn. 1.3, Erinnerungen von Jean Cerf, und [22, 32].

[27] Andrée Ehresmann schrieb mir am 13. Mai 2007:

> summarischer Weise war ihm diese Idee von A. Weil[28] vorgeschlagen worden, der Artikel von Whitehead aber war in Clermont-Ferrand 1943 nicht zugänglich. Dieses Kompositionsgesetz ermöglichte es Feldbau, die Struktur der Menge der Klassen von Abbildungen von $S_p \times S_q$ in E zu charakterisieren; insbesondere gelangte er so zu den toroidalen Homotopiegruppen, die in vager Weise in der Einleitung des Buchs von Kérékjarto[29] angedeutet worden waren und die nach dem Krieg in einer Publikation von Fox[30] behandelt wurden. Die Untersuchungen von J. Feldbau betreffen Probleme, die seit mehr als zehn Jahren eine große Zahl von Mathematikern interessieren. Seine Resultate wurden aufmerksam registriert und haben mit Sicherheit die Entwicklung der Theorie der Faserungen beeinflusst.

Dieser Text ist datiert auf den 4. Februar 1958 (diese Notiz ist in einer anderen Handschrift geschrieben).

★

Ich muss zugeben, dass ich nicht recht verstehe, was ein Mathematiker von der Statur eines Ehresmann 1958 zu gewinnen hatte, wenn er „vergaß", dass er in Zusammenarbeit mit Feldbau die assoziierten Faserungen eingeführt hatte.

★

Das Exemplar des Buchs [53] von Kérékjarto, das die Bibliothek des IRMA besitzt, enthält Anmerkungen in verblichener violetter Tinte (Abb. 1.10), von denen

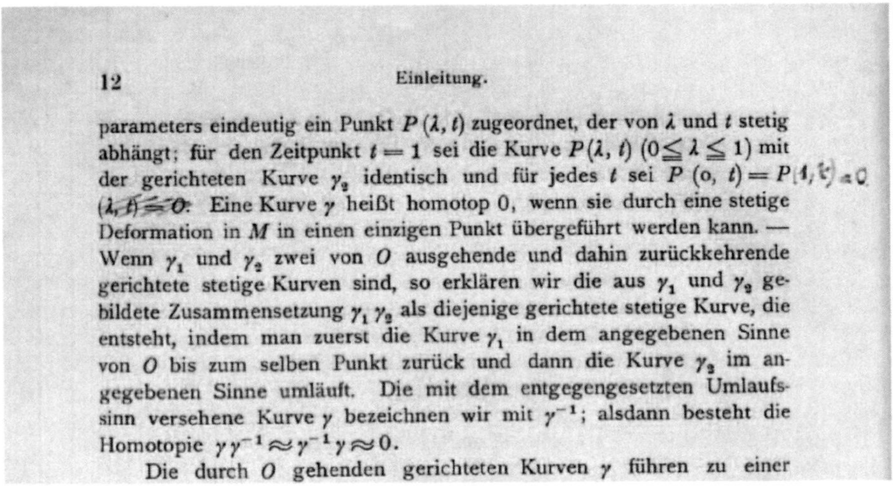

12 Einleitung.

parameters eindeutig ein Punkt $P(\lambda, t)$ zugeordnet, der von λ und t stetig abhängt; für den Zeitpunkt $t = 1$ sei die Kurve $P(\lambda, t)$ $(0 \leqq \lambda \leqq 1)$ mit der gerichteten Kurve γ_2 identisch und für jedes t sei $P(o, t) = P(1, t) = 0$ ~~$(\lambda, t) \equiv 0$~~. Eine Kurve γ heißt homotop 0, wenn sie durch eine stetige Deformation in M in einen einzigen Punkt übergeführt werden kann. — Wenn γ_1 und γ_2 zwei von O ausgehende und dahin zurückkehrende gerichtete stetige Kurven sind, so erklären wir die aus γ_1 und γ_2 gebildete Zusammensetzung $\gamma_1 \gamma_2$ als diejenige gerichtete stetige Kurve, die entsteht, indem man zuerst die Kurve γ_1 in dem angegebenen Sinne von O bis zum selben Punkt zurück und dann die Kurve γ_2 im angegebenen Sinne umläuft. Die mit dem entgegengesetzten Umlaufssinn versehene Kurve γ bezeichnen wir mit γ^{-1}; alsdann besteht die Homotopie $\gamma\gamma^{-1} \approx \gamma^{-1}\gamma \approx 0$.

Die durch O gehenden gerichteten Kurven γ führen zu einer

Abb. 1.10 Das Buch von Kérékjarto, Exemplar der Bibliothek des IRMA

Leider ging das Manuskript von Feldbau, das Charles veröffentlicht hatte, bei einem Umzug verloren. Soweit ich mich erinnere, wurde es von einem Freund von Feldbau aufbewahrt, Reeb gab es an Charles zwecks Publikation.

[28] Vielleicht im Januar 1941 (vergleiche die Anmerkung 32 und Abschn. 2.3, Ende des Teils ‚Anmerkung').

[29] Vergleiche die Note 24.

[30] Es geht hier um den Artikel [40].

ich überzeugt bin (ohne einen Beweis dafür zu haben), dass sie von der Hand Feldbaus stammen. Im Übrigen trägt dieses Exemplar den Stempel dieser Bibliothek, wie er in der Zeit zwischen den Kriegen verwendet wurde, und den Stempel der Nachkriegszeit ... aber keinen Stempel der „Reichsuniversität", was darauf hindeutet, dass sich dieses Exemplar während der Annexion in Clermont-Ferrand befand.

Die Erinnerungen von André Weil

Es folgt der Bericht, den André Weil über Feldbau gegeben hat. Dieser findet sich erstmals in den Kommentaren zum ersten Band seiner „Werke", der 1979 erschien. Dieser Kommentar bezieht sich auf den Artikel [2] (in dem Weil das Theorem von Feldbau zitiert) [93, S. 554]:

> Das „Theorem von Feldbau", welches auf S. 115 verwendet wird, besagt, dass eine lokaltriviale Faserung global trivial ist, falls ihre Basis ein konvexes Polyeder ist. Das ist heute einfach; 1939, als Feldbau sein Resultat publizierte, war es weit entfernt davon, simpel zu sein. Dieser sehr begabte junge Mann war mein Student in Strasbourg gewesen; wie mir scheint auf Anraten von Ehresmann schlug ich ihm als Arbeitsrichtung die Faserungen vor. Feldbau war Elsässer und Jude; nach der Invasion Frankreichs konnte er noch einige Zeit weiterarbeiten und sogar noch unter dem Pseudonym Jacques Laboureur publizieren. Gefangen genommen durch die Deutschen starb er in der Deportation.

Abb. 1.11 André Weil

Weiter lesen wir in dem Kapitel „Strasbourg und Bourbaki“ seines 1991 erschienen Buchs [94, S. 122][31]:

> In Strasbourg hatte ich mindestens zwei Studenten, die ich zur „Forschung“ ermuntern konnte. Das war zum einen Elisabeth Lutz [...] Kurz vor Kriegsausbruch[32] bat mich der sehr begabte Student Jacques Feldbau, ihm ein Thema aus der Topologie vorzuschlagen. Ich konsultierte Ehresmann, der über dieses Gebiet wesentlich mehr wusste als ich; auf seinen Rat hin schlug ich Feldbau vor, den damals ziemlich neuen Begriff der Faserung zu studieren. Trotz recht ungeschickter Methoden, wie sie für einen Anfänger typisch sind, erzielte er einige interesssante Resultate, die in den „Comptes Rendus“ zuerst unter seinem Namen, dann – als die antisemitischen Gesetze von Vichy dessen Verwendung unangebracht[33] erschienen ließen – unter dem Namen Jacques Laboureur. Er wurde von den Deutschen gefangen genommen und starb in der Deportation.

Dieses Zitat ist der Grund für folgende Erfahrung: Frägt man einen ausländischen, nicht allzu konsternierten Mathematiker nach Feldbau, so wird man vielleicht folgende Antwort zu hören bekommen (ich habe das tatsächlich erlebt): „Ah! Feldbau, ja ich weiß, wer das war. Das war der einzige Schüler, den Weil in Strasbourg hatte.“ Kein Kommentar. Ich diskutiere die Beziehungen Feldbau/Weil/Ehresmann in Abschn. 2.2 und 2.5.

Die Erinnerungen von Laurent Schwartz

Bevor ich die Arbeit an dem vorliegenen Buch begann, wusste ich das, was ich über Jacques Feldbau abgesehen von der Mathematik selbst wusste, aus dem, was Laurent Schwartz in seinem Buch [81, S. 156] berichtet. Auf Anraten von Cartan hatten sich Laurent und Marie-Hélène Schwartz in Clermont-Ferrand niedergelassen. Schwartz (geboren 1915) und Feldbau waren, so berichtet Schwartz, zwei der drei Doktoranden in der Mathematik, die es in Clermont gab.

> Feldbau war Gasthörer an der „École normale“ gewesen (er war durch die Aufnahmeprüfung gefallen, weil er sich als praktizierender Jude geweigert hatte, eine der Klausuren an einem Samstag zu schreiben). Die „Agrégation“ hatte er 1938 erworben. 1940 befand er sich wie ich auch in Clermont-Ferrand. Er war ein Schüler von Ehresmann und sehr begabt. Feldbau hat mir nicht wenig algebraische Topologie beigebracht, wir waren eng befreundet. Ich hatte die algebraische Topologie aus einem Büchlein von Ehresmann über Homologietheorie gelernt, Feldbau machte mich mit der Kohomologie bekannt, die von Kolmogorov eingeführt worden war. Unglücklicherweise wurde Feldbau im Zuge der großen Razzia in den Studentenwohnheimen, die auf die Straßburger Studenten abzielte, am 26. November 1943 festgenommen[34] und nach Auschwitz deportiert.

---

[31] Die deutsche Übersetzung [94] wurde überarbeitet.

[32] Weil spricht hier immer noch von Strasbourg in der Vorkriegszeit. Vergleiche Abschn. 2.2, Teil ‚Topologie‘. Weil und Feldbau waren nur knapp einen Monat (Januar 1941) zusammen in Clermont-Ferrand, vergleiche Abschn. 2.5, Teil ‚Die Mathematik‘.

[33] Welch galante Ausdrucksweise! (Molière)

[34] Das Datum ist falsch: Die Razzia im Wohnheim „Gallia“ fand am 25. Juni statt, vergleiche Abschn. 2.6. Am 26. November befand sich Feldbau bereits in Auschwitz. Allerdings gab es tat-

Abb. 1.12 Laurent Schwartz

Im Lager unterrichtete er Raymond Berr, den Vater meiner Schwägerin Yvonne[35], den Vater von Vidal-Naquet[36] und Jean Samuel[37] in Mathematik. Im Lager konnte er dank Pr. Weitz [sic][38] überleben, der ihn für die Krankenstation anforderte, der er zugewiesen wurde. Er [Feldbau] hatte die Kraft gehabt, einen Text über die Topologie für seine Gesprächspartner abzufassen! Er gehörte zu den Gefangenen, welche von den Nazis vor der Befreiung des Lagers durch die Rote Armee am 27. Januar 1945 verlegt wurden. Er starb während des Transports im April, wenige Wochen vor Kriegsende.

Um diese Erinnerungen zu vervollständigen, sei erwähnt, dass sich die zweite Dissertation von Schwartz, die dieser bei seiner Promotion im Januar 1943 verteidigte,

---

sächlich am 25. November eine andere Razzia in den Räumlichkeiten der Universität, vergleiche die Artikel [86, 87] von Léon Strauss in [45] und [28].

[35] Der Chemiker Raymond Berr, der später Direktor der Firma Kuhlmann, eines der größten französischen Chemiekonzerne, wurde, war der Vater von Yvonne, die die Frau von Daniel Schwartz wurde, und von Hélène, die 1945 in Bergen-Belsen starb und deren „Tagebuch" [12] kürzlich veröffentlicht wurde.

[36] Diese Information konnte ich in den Memoiren von Pierre Vidal-Naquet nicht finden [91], der nur sehr wenig, um nicht zu sagen gar nichts, über das Schicksal seiner Eltern in Auschwitz wusste. Mir ist nicht bekannt, woher Schwartz sein Wissen hatte.

[37] Als ich mit Jacques-Vivien Debré (vergleiche die Anmerkung 71 des Kap. 2 und Abschn. 4.6) Jean Samuel besuchte, erzählte dieser uns, dass er 1990 Laurent Schwartz getroffen habe durch Vermittlung einer Nichte von Schwartz und Enkelin von Raymond Berr. Wahrscheinlich war er es, der Schwartz die Informationen zu Feldbau in Monowitz gab – insbesondere zu dem handgeschriebenen Manuskript der Topologievorlesung. Vergleiche Abschn. 2.8 und 4.6 sowie das Buch [79, S. 198].

[38] Es geht hier um Robert Waitz, mit dem ich ein längeres Gespräch hatte und dessen Artikel [92] ich zitieren kann. Vergleiche hierzu Abschn. 2.7, Teil ‚Robert Waitz'.

mit Dualitätssätzen (zwischen Homologie und Kohomologie) für Mannigfaltigkeiten beschäftigte [81, S. 175].

Die Erinnerungen von Georges Reeb

Georges Reeb wurde 1920 geboren. Reeb war Student in Clermont-Ferrand und hat seine Dissertation mit Ehresmann als Doktorvater in Strasbourg 1948 vorgelegt. Es folgt ein Auszug aus dem Text [75], der 1994, also ein Jahr nach Reebs Tod, veröffentlicht wurde. Es ist mir nicht bekannt, wann dieser geschrieben wurde (klar ist, dass er vor dem Umzug der Mathematikbibliothek, der 1966 stattfand, verfasst worden ist – vergleiche Abschn. 3.3).

> Ich kann mich nicht an diese Zeit erinnern, ohne an Jacques Feldbau zu denken. An der Eingangstür zur Bibliothek des Mathematischen Instituts der Universität Strasbourg liest man „Salle Jacques Feldbau". Feldbau war ein jüdischer Name, der damals im Elsass ziemlich verbreitet gewesen ist.[39] Unglücklicherweise widerfuhr Feldbau das Schicksal der Juden seines Zeitalters: Er starb unter dramatischen Umständen in der Deportation. Feldbau war ein sehr schicker Typ gewesen, ein gutaussehender Herr, der schon eine Dissertation bei Ehresmann schrieb, die gewiss eine wichtige Arbeit geworden wäre, hätte Feldbau sie vollenden können.

Die Erinnerungen von Henri Cartan

Im Mai 1994 fand in Orsay ein Kolloquium zu Ehren von Jean Cerf statt. Henri Cartan sprach bei diesem Anlass über seine Erinnerungen an die Familie von Jean Cerf in Strasbourg: Der Vater von Jean Cerf war der Mathematiker Georges Cerf (dessen Text [20] ich im Kap. 2 ausgiebig verwende), der ein Spezialist für partielle Differenzialgleichungen und Kontaktransformationen gewesen ist; er war Professor an der Univerität Strasbourg seit 1922. Cartan hat seinen Vortrag selbst veröffentlicht [16].

Cartan erinnert sich an Feldbau:

> Ehresmann widmete sich mit großer Hingabe seinen Schülern; er ermunterte sie, die neuen Ideen zu entwickeln, die er ihnen großzügig überließ. Dies war bereits vor 1939 so mit Jacques Feldbau; nach dem Krieg war es mit Georges Reeb ebenso. Ehresmann war auf diesen jungen und sehr begabten Studenten namens Feldbau aufmerksam geworden, der sich geweigert hatte, am „Concours" der „École normale" teilzunehmen, weil dieser eine Klausur vorsah, die samstags geschrieben wurde. Ehresmann führte diesen Studenten in die ersten Anfänge der allgemeinen Theorie der Faserungen ein; er nahm ihn nach Clermont-Ferrand mit, um dort eine Dissertation zu verfassen. Ehresmann stellte den Eltern von Feldbau seine Pariser Wohnung in der rue Saint-Jacques zur Verfügung als Sprungbrett zu deren Exil in der „freien" Zone. Ein Artikel von Feldbau erschien im „Bulletin de la Société

---

[39] Es scheint mir, dass der Name nicht so häufig gewesen ist, wie Reeb meint. Heute findet man keinen einzigen Feldbau im Telefonbuch – und zwar weder im Elsass noch in der Pariser Region.

Abb. 1.13 Henri Cartan

> mathématique de France“ unter dem Namen Jacques Laboureur. Sie wissen, wie Jacques Feldbau 1943 bei der Razzia im Wohnheim „Gallia“ in Clermont verhaftet wurde. Deportiert nach Auschwitz traf er dort Dr. Waitz von der Medizinischen Fakultät der Universität Strasbourg, der ihn unter seinen Schutz stellte und ins Krankenrevier des Lagers aufnahm. Dr. Waitz kehrte 1945 nach Strasbourg zurück. Er erzählte mir, dass die Lagerleitung beim Herannahen der sowjetischen Truppen ihre Gefangenen evakuierte. Dies geschah unter solchen Umständen, dass viele der Überlebenden wenige Tage vor Kriegsende an Erschöpfung starben. Jacques Feldbau war einer von ihnen.

Auch Henri Cartan hat Feldbau und seiner Familie geholfen. Das belegt ein Brief von Feldbau, den dieser von Drancy[40] am Tage seiner Deportation nach Auschwitz geschrieben hat und der in [20] abgedruckt wurde (vergleiche Abschn. 2.8, Brief an Cartan). Wie wir in Abschn. 2.8 und im Kap. 3 sehen werden, hat Cartan auch Briefe und Päckchen an Feldbau nach Auschwitz geschickt.

Und jene von Jean Cerf

Jean Cerf war 1943 erst fünfzehn Jahre alt; er kannte Jacques Feldbau nicht. In seiner Antwort auf den Vortrag von Cartan [16], die ebenfalls in [21] publiziert worden ist, sagt er jedoch:

[40] In Drancy, einer Stadt und Eisenbahnknoten im Norden von Paris, wurde in einer Gruppe von Wohnblöcken, die sich im Bau befanden, ein Lager eingerichtet. In diesem wurden Juden, die von der französischen Polizei oder von der deutschen Armee gefangen genommen worden waren, versammelt, bevor sie in Züge gebracht und in die deutschen Konzentrationslager transportiert wurden. Der Leser sei verwiesen auf die Berichte, welche in [77] zu finden sind.

Abb. 1.14 Georges Cerf

> Eines Tages im Jahre 1941 – ich war dreizehn Jahre alt – stellte mich mein Vater[41] Ch. Ehresmann vor, den wir zufällig in den Straßen von Clermont getroffen hatten. Mein Vater sagte zu mir: „Herr Ehresmann arbeitet in dem Teilgebiet der Mathematik, das die größte Zukunft hat, nämlich in der Topologie". Ein anderes für mich entscheidendes Ereignis war, dass etwa zehn Jahre später Henri Cartan mir in Kenntnis meiner Interessen einen Artikel von Jacques Feldbau, einem Schüler von Ehresmann, gab. Dieser Artikel, von dem Cartan wusste, dass er fehlerhaft war, beschäftigte sich mit dem Problem des Homotopietyps von Homöomorphismengruppen von S^n. Ich fand es frappierend, dass man außer im Fall $n = 2$ absolut nichts darüber wusste, was wiederum zum Ausgangspunkt fast aller meiner späteren Forschungen wurde[42] [...]

In einem Telefongespräch vom Juli 2007 hat mir Jean Cerf erzählt, dass er, wäre Feldbau wieder zurückgekommen, wahrscheinlich mit ihm gearbeitet hätte.

[41] Aktivist in der Liga für Menschenrechte, welche gegen die elsässischen Autonomisten der 1930er-Jahre agierte, und aktiver Unterstützer der linksgerichteten Volksfront („Front populaire"); von Strasbourg nach Clermont-Ferrand geflohen, dort aufgrund des „Status der Juden" Unterrichtsverbot (vergleiche auch Abschn. 2.5, ‚Briefe von Dieudonné an Cartan'). Georges Cerf wurde nach der Befreiung 1945 Direktor des Mathematischen Instituts der Universität Strasbourg. Vergleiche den Nachruf [18] für G. Cerf von Henri Cartan.

[42] Vergleiche vor allem den Artikel [22].

Die Umgebung von Ehresmann

Merkwürdigerweise scheint es so zu sein, dass Ehresmann keine Informationen zu dem Menschen, der Jacques Feldbau gewesen ist, an seine Schüler weiter gegeben hat. Paulette Libermann, die bei Ehresmann in Strasbourg kurz nach dem Krieg promoviert hat, wusste nichts über die Persönlichkeit von Feldbau:

> Er war praktizierender Jude und sehr gut, das ist alles, was ich von ihm weiß.

Das hat sie mir erzählt (am 7. April 2007). Ähnlich schrieb mir André Haefliger:

> Ich habe keine genauen Erinnerungen zu dem, was Ehresmann mir über Feldbau erzählt haben könnte. Mir scheint aufgrund dessen, was ich noch weiß, dass Ehresmann eine sehr hohe Meinung von Feldbau hatte. (Nachricht vom 7. Mai 2007).

Mein Kollege Daniel Bernard hat mir berichtet, dass er sich an keine ausdrückliche Erwähnung von Feldbau erinnern könne, weder von Ehresmann[43] noch von Reeb.

1.4 Anhang: Die Rolle der „Académie des sciences“ – offene Fragen

Bevor ich anfing, dieses Buch zu schreiben, wusste ich, dass Feldbau das Pseudonym „Laboureur“ vewendet hatte, um seine Artikel während der Besatzungszeit zu veröffentlichen. Ich nahm an, dies sei seine eigene Entscheidung gewesen, um sich zu tarnen und um sich zu schützen. Michel Zisman, dessen Artikel [97] mich auf die Tatsache aufmerksam machte, dass Feldbau einer der Autoren von [34] gewesen sein könnte, vermutete, dass Feldbau Angst hatte, den Artikel namentlich zu zeichnen und dass es Ehresmann gewesen sei, der den einleitenden Satz verfasst hätte:

> Feldbau hatte vermutlich Angst, seinen Namen oben auf einen Artikel zu setzen, der in Paris veröffentlicht werden sollte.

Die Untersuchungen über die Publikationsweisen der Franzosen, welche wegen der antisemitischen Gesetze von Vichy während der Besatzung angenommen wurden und die ich in dem Artikel [8] beschrieben habe, sowie die Forschungen, die ich im Archiv der „Académie des sciences“ durchgeführt habe (und in deren Verlauf

[43] In einer Nachricht vom 10. Mai 2007 schrieb mir Andrée Ehresmann, die Feldbau nicht persönlich gekannt hat:

> Feldbau hat unter der Anleitung von Charles gearbeitet und mit ihm zusammen über die Theorie der Faserungen geforscht. Ihre Beziehung war freundschaftlich, wenn auch ohne Zweifel recht asymetrisch (wie es zu jener Zeit zwischen einem Professor und seinen Jungforschern üblich war).

ich das Manuskript von [34] fand), zeigten, dass es nicht Feldbau gewesen ist, der Angst hatte. Sie veranlassen mich heute dazu, meine Meinung zu der Frage des Pseudonyms zu ändern.

Die „Académie des sciences“ als Institution hatte sich offensichtlich angepasst (akkomodiert)[44] an die Okkupation und insbesondere an die antisemitischen Gesetze. Es versteht sich von selbst, dass die persönliche Haltung von diesem oder jenem Akademiemitglied hier nicht zur Debatte steht. In der Affäre der Note [34] zeigen die verschiedenen Versionen, die Élie Cartan ausprobierte, und die Verzögerung zwischen ihrer Vorlage (27. Oktober) und ihrer Publikation (1. Dezember) deutlich, dass Cartan die Publikation wünschte und dass die „Académie des sciences“ dagegen war, dass der Name Feldbau in ihren „Comptes rendus“ auftauchte. Zweifellos gab es eine private oder geheime Diskussion, als Folge deren Élie Cartan den Namen Feldbau bei den Autoren wegnahm (erste Streichung). Er versuchte „dennoch“ die Arbeit von Ehresmann und Feldbau zu publizieren. Aufgrund dieser Streichung tauchte der unerwünschte Name weder in der Zusammenfassung noch auf dem Umschlag des Heftes auf. Aber das reichte nicht aus, denn letztlich war Cartan gezwungen, den Namen Feldbau vollständig zum Verschwinden zu bringen (zweite Streichung). Wie er im Moment der Publikation wieder in der Fußnote unten auf der Seite auftauchen konnte, bleibt ein Rätsel.[45]

Seit Anfang 1941 hatte der Mathematiker André Bloch[46] Noten in den „Comptes rendus“ pseudonym publiziert (er verwendete aus eigenem Antrieb zwei Pseudonyme, René Binaud und Marcel Segond, vergleiche die in [8] zitierten Briefe), was Élie Cartan wusste. Es ist anzunehmen, dass Élie Cartan die Angelegenheit der Note [34] mit seinem Sohn Henri Cartan diskutiert hat, der ein Freund von Ehresmann und Feldbau war. Es ist nicht ausgeschlossen, dass Feldbau von Ehresmann oder von Élie Cartan oder gar von Henri Cartan im Nachhinein davon überzeugt wurde, dass es unmöglich sei, weiterhin unter seinem Namen zu publizieren. Wahrscheinlich brachte das Henri Cartan, den Sekretär des „Bulletin de la Société mathématique de France“, auf die Idee, die Noten [56, 57] in dieser Zeitschrift zu veröffentlichen. Hier bedurfte es genauerer Nachforschungen in Quellen, welche detaillierter sind als das einfache „Bulletin“, um herauszufinden, dass bei der Generalversammlung am 14. Januar 1942, die simultan in Paris und in Lyon stattfand, Ehresmann am 11. Februar 1942 als Mitglied gewählt wurde. So findet man ebenfalls heraus, dass die Konstitution der Sektion von Clermont-Ferrand am 16. April 1942 stattfand. Es gab dabei, wie oben bereits erwähnt, Beiträge von de Rham, Ehresmann und Laboureur (und nur der Text des letzteren wurde in Gestalt einer Note für das „Bulletin“ publiziert, vergleiche [56]). Es versteht sich von selbst, dass „jedermann“[47] in der SMF wusste, wer Jacques Laboureur war. Das „Bulletin“ akzeptierte im darauf folgenden Jahr die zweite Note [57] dieses Autors.

---

[44] Ich verwende hier den nützlichen Begriff „Akkomodation“, der auf Philippe Burrin [15] zurückgeht.

[45] Hat hier vielleicht ein Setzer diskret eingegriffen?

[46] Bezüglich seiner ungewöhnlichen Biografie vergleiche man [19].

[47] Mehr oder weniger jedermann: die Leute aus Strasbourg und Clermont sicherlich, wohl aber nicht alle Pariser. Dies zeigt die Tatsache, dass Bouligand in seinem Artikel über die Geometrie

Jüdische Wissenschaftler, denen das Publizieren verboten war, verwendeten auch noch andere Strategien, so zum Beispiel die Publikation durch einen Strohmann (wie im Falle von Étienne Halphen in [11]) oder auch die „Plis cachetés“[48] (vergleiche den in [8] geschilderten Fall).

Fügen wir hinzu, dass wohlgesonnene Redakteure (insbesondere diejenigen der „Annales de l'Université de Lyon“, der „Annales de l'Université de Toulouse“ und der „Cahiers de physique“[49], Zeitschriften, die in der südlichen „freien“ Zone publiziert wurden) Artikel von Autoren veröffentlicht haben, deren Namen (Laurent Schwartz, Paul Lévy, Félix Pollaczek, Pierre Samuel) die Zensoren der „Académie des sciences“ während der Okkupation zurückschrecken ließen (vergleiche [8]). Und selbst in Paris ... Zitieren wir noch einmal Laurent Schwartz, der über die Publikation seiner Dissertation berichtet:

> Freymann, der Direktor der „Librairie Hermann“[50], fehlte nicht der Mut, die Dissertation eines Juden zu publizieren und sie 1943 im Schaufenster auszulegen. In seiner Vitrine zeigte er sogar verbotene Texte von Einstein. [81, S. 175]

---

und Topologie in Frankreich während der Besatzung [13], der nach der Befreiung anlässlich des „Kongress des Sieges“ (Congrès de la Victoire) verfasst wurde, schrieb:

> Herr Charles Ehresmann [...] hat den Weg für mehrere Schüler geebnet: die Herren Feldbau, Laboureur und Reeb.

[48] Verschlossene, bei der „Académie des sciences“ hinterlegte Umschläge, die erst nach fünfzig Jahren geöffnet werden dürfen.

[49] Liest man [8], so wird man vielleicht der Neigung einer Gruppe von Physikern an der „Académie des sciences“, darunter Charles Fabry, Gründer der „Cahiers de physique“, gewahr, sich nicht der Okkupation und insbesondere deren antisemitischen Gesetzen anzupassen.

[50] Großer Wissenschaftsverlag in Paris, Verleger u. a. von Bourbaki.

Kapitel 2
Eine Biografie von Jacques Feldbau

Um diese kurze Biografie zu schreiben, habe ich alle verfügbaren Informationen über Jacques Feldbau selbst zusammengetragen. Aber ich habe auch nicht gezögert, Informationen über die Kontexte hinzuzufügen. Ich hatte auch nicht den Eindruck, dass die hier erzählten Geschichten – diejenige der „Untergangsstimmung", welche in Strasbourg während der Zeit herrschte, die der Annexion des Elsass durch das Dritte Reich im Juni 1940 voranging und die bereits im Kap. 1 angesprochen wurde; diejenige, wie jüdische französische Mathematiker in ihrem Vaterland während des Zweiten Weltkriegs arbeiten konnten (oder nicht arbeiten konnten); diejenige der Evakuierung der Konzentrationslager – so bekannt seien, dass darüber nicht mehr berichtet werden müsste.

Quellen

Ich habe (hoffentlich) das gesamte publizierte (oder im Internet verfügbare) Material, das in der Bibliografie aufgeführt wird, verwendet. Die wichtigsten Quellen hierunter waren die Gedenkrede von Georges Cerf (vergleiche Abschn. 3.3 und [20] zu dieser Rede sowie die Anmerkung in Abschn. 1.3, ‚Erinnerungen von Jean Cerf', zu Georges Cerf), die von Léon Strauss zusammengestellte Kurzbiografie in der neuen elsässischen Biografie („Nouveau dictionnaire de biographie alsacienne"), die Hinweise, welche in dem Buch von Claude Singer [84] enthalten sind und die aus einem Gespräch stammen, welches der Autor mit Jeannette Feldbau geführt hat, und schließlich das Buch [41] von Robert Francès. Wichtig waren auch die Informationen, die mir Joëlle Debré, die Nichte von Jacques Feldbau, und sein Neffe Jacques-Vivien Debré geliefert haben. Weitere Hinweise verdanke ich Jacques Feldbaus Freundinnen und Freunden in Strasbourg und Clermont-Ferrand: Pierre und Yvonne Lévy, Simone Weiller. Jean Samuel, der Feldbau in Auschwitz-Monowitz gekannt hat, verdanke ich wichtige Informationen. Weiter ist die Internetseite [37] zu nennen, die aber auch in [70] reproduziert ist, obwohl viele der dort enthaltenen Informationen mit den anderen, uns zugänglichen Informationen schwerlich kom-

M. Audin, K Volkert, *Jacques Feldbau, Topologe,* Mathematik im Kontext,
DOI 10.1007/978-3-642-25804-6_2,

patibel erscheinen. Weiterhin habe ich Informationen hinzugefügt, welche sich in dem sich noch in Bearbeitung befindlichen Nachlass von Henri Cartan finden. Für die vorliegende Ausgabe habe ich Informationen aus den „Archives Nationales" in Paris hinzugefügt, welche mir Roland Brasseur großzügig zur Verfügung gestellt hat, sowie solche aus dem Fonds Georges de Rham, die mir (ebenfalls sehr großzügig) Manuel Ojanguren zukommen ließ.

Im Kap. 4 finden sich genauere Angaben zu den von mir verwendeten Quellen.

2.1 Die Familie

Jacques Feldbau wurde in Strasbourg am 22. Oktober 1914 in eine traditionsbewusste jüdische Familie geboren.

Unter seinen Vorfahren gab es einen Großvater und einen Urgroßvater, die Rabbiner gewesen waren (der letztere in Krakau). Feldbaus Familie war aus Polen nahe der russischen Grenze Ende des 19. Jahrhunderts geflohen, um nach München und dann nach Strasbourg zu gehen. Feldbaus Vater Armand war Kaufmann (Großhändler für Butter, Eier und Käse) in der Rue Hannong. Seine Mutter Dorothée Gittler war nicht berufstätig. Jacques Feldbau hatte eine Schwester Jeannette, welche am 30. August 1916 geboren worden war. Zu Hause sprach die Familie Feldbau, wie viele andere Straßburger Familien jener Zeit, deutsch.

Jacques Feldbaus Familie wohnte nur ein paar Schritte von dem Geschäft der Eltern entfernt in der Rue du 22 novembre, Hausnummer 16. Auf einem Balkon dieses Hauses wurde, wie damals sehr üblich, im Mai 1934 die erste Fotografie von Jacques Feldbau aufgenommen, die in diesem Kapitel zu sehen ist (Abb. 2.1).

Man erkennt auf diesem Foto den Wohnblock mit den Jalousien, der die Ecke zur Rue Gustave-Doré bildet, und – auf der rechten Seite – den Anfang der Rue Hannong. Die Rue du 22 novembre wurde zusammen mit der Mehrzahl ihrer Wohnhäuser, darunter diejenigen der Seite mit den geraden Hausnummern, um 1912 herum gebaut. Als die Familie Feldbau dort einzog, war dies ein neues Wohnviertel. Von 1912 bis 1918 hieß die Straße „Neue Straße".[1]

Später zog die Familie Feldbau in die Rue des Pontonniers Nummer 8, in das Gebäude der ESCA.[2] Dieser Umzug spiegelt sicherlich die komfortable wirtschaftliche Situation wider, in der Jacques Feldbau seine Jugend verbrachte. Die Fotografie am Anfang dieses Buches sowie Abb. 2.4 in Abschn. 2.3 wurden auf einem Balkon

---

[1] Weil sich geschichtliche Zusammenhänge auch an Straßennamen ablesen lassen, kann ich hier der Versuchung nicht widerstehen, darauf hinzuweisen, dass diese Straße später zum Gedenken an den 22. November 1918 umbenannt wurde. Das war der Tag, an dem die französische Armee die Stadt Strasbourg von den Arbeiter-und-Bauern-Räten „befreite", die zwölf Tage zuvor die Räterepublik proklamiert hatten. In der Zeit der Annexion hieß die Straße dann „Straße des 19. Juni", um an den Tag zu erinnern, an dem die deutschen Truppen 1940 in Strasbourg einzogen.

[2] Dieses massive und imposante Straßburger Gebäude von großem Bekanntheitsgrad, das erst 1936 fertiggestellt wurde, beherbergte den Sitz der gleichnamigen Versicherungsgesellschaft ESCA (für „Est Capitalisation", was soviel wie „Kapitalbildung im Osten" [Frankreichs] bedeutet).

Abb. 2.1 Jacques Feldbau, Rue du 22 novembre

dieses Gebäudes aufgenommen. Es war diese Adresse, die Jacques Feldbau bei seiner Bewerbung als Gasthörer an der „École normale supérieure" (ENS) im Juli 1937 verwendete. An sie sandte auch Élie Cartan die Fahnen der Note [38] (die Adresse ist mit Bleistift auf das Manuskript geschrieben worden, wie man in der Abb. 1.1 des Kap. 1 sehen kann). Diese Adresse ist auch „der letzte Wohnsitz", welcher auf der Sterbeurkunde von Jacques Feldbau verzeichnet ist; sie ist in der Abb. 2.3 in Abschn. 2.2 zu erkennen.

Jacques Feldbau und seine Schwester Jeannette standen sich sehr nahe.

> Meine Mutter hat uns viel von ihm erzählt. Sie war ihrem Bruder zutiefst verbunden.

hat mir Joëlle Debré, die Tochter von Jeannette Feldbau, erzählt.

2.2 Schule und Studium

Jacques Feldbau wurde Schüler am Gymnasium Fustel de Coulanges[3] mit Beginn des Schuljahrs 1920, das heißt, dass er am 1. Oktober 1920 in die 11. Klasse eintrat. Danach absolvierte er die 10., 9., 8. und 7. Klasse. Heute entsprechen dem die fünf Klassen CP, CE1, CE2, CM1, CM2 der französischen Grundschule – damals umfasste

[3] Seinerzeit gab es in Strasbourg zwei große Gymnasien, das „Fustel de Coulanges" und das „Kleber".

in Frankreich das Gymnasium auch die Grundschule. In die unteren Klassen wurden auch Mädchen aufgenommen,[4] wie die Tatsache belegt, dass Jeannette Feldbau zwischen Oktober 1922 und dem 14. Juli 1924 ebenfalls das Gymnasium Fustel besuchte. Jacques Feldbau verließ das Gymnasium am 10. Juli 1925. Offensichtlich war er ein

> brillanter aber etwas unruhiger [Schüler]. Ein Schuljahr, das er mit zwölf Jahren an der Rabbinerschule verbrachte, machte ihn ruhiger [20].

Es geht hierbei um das Schuljahr 1925–26. Feldbau war damals elf Jahre alt, folglich hat er in der Rabbinerschule in Paris das Äquivalent zur 6. Klasse (6^{e}) besucht. Bei seiner Rückkehr an das Gymnasium Fustel am 1. Oktober 1926 trat er in die Klasse 5^{e}A3 ein, anschließend war er Schüler in der 4^{e}A3, 3^{e}A1, 2^{e}A, 1^{e}A und schließlich 1931–32 der „Mathematikklasse".[5]

Seine „Universitätslaufbahn" war die folgende (wir geben hier ziemlich viele Details, weil man so Einsichten gewinnt, wie in jener Zeit ein Studium ablief):

- 1931, Premier Bac, série A (das „Premier bac" entspricht der Fachhochschulreife, es wurde nach Ende der Classe de première (1e) [Klasse 12 des G9] erworben)
- 1932, die Schulakte des Gymnasiums Fustel de Coulanges erwähnt das „Baccalauréat mathématiques" (Abitur mit Schwerpunkt Mathematik). Anlässlich seiner Bewerbung als Gasthörer an der ENS im Jahr 1937 gibt Feldbau selbst das „Baccalauréat Math, Philo" (Abitur mit Schwerpunkt Mathematik und Philosophie) an. Ganz in der Tradition seiner Familie war Feldbau „gut in allem". Seine Schwester Jeannette beschreibt ihn als Kind mit „ein Genie". Georges Cerf [20] kennzeichnet ihn als „wissbegierig in jeder Hinsicht".
- 1932–33 und 1933–34, Vorbereitungsklassen am Gymnasium Kleber. In der Familie Feldbau gab es keine Naturwissenschaftler. Dennoch entschied sich Jacques Feldbau für die Mathematik; deshalb wurde er nach dem Abitur Schüler der „Classes préparatoires" (Vorbereitungsklassen) am Gymnasium Kleber.
  Hier der Bericht von Feldbaus Freund Pierre Lévy:[6]

  > Ich habe Jacques im Oktober 1932 kennengelernt. Wir waren zusammen in der Math-Sup-Klasse des Gymnasiums Kleber[7], dann in der Math-Spé-Klasse. Er war sehr brillant, ich nicht. Die Vorbereitung war nicht besonders gut, der Mathematiklehrer war taub, Fama besagte, „es habe schon Jahre gegeben, in denen ein Kandidat den „Concours" erfolgreich absolviert habe". Dennoch haben wir am „Concours" teilgenommen. Aber selbst Jacques wurde nicht in die „Normale Sup." aufgenommen.

[4] Ich weiß allerdings nicht, ob die unteren Klassen gemischte Klassen waren.

[5] Alle diese Angaben stammen aus der Schulakte von Jacques Feldbau, die sich im Archiv des Gymnasiums Fustel de Coulanges befindet; eine Kopie derselben ist in der Abb. 2.2 zu sehen.

[6] Zu Pierre Lévy, Mitschüler und Freund von Jacques Feldbau, vergleiche Abschn. 4.7.

[7] In jener Zeit war das Gymnasium Kleber in den Räumen untergebracht, in denen sich heute das „Collège Foch" befindet, in der Rue du Général Frère, nahe der Place de la République.

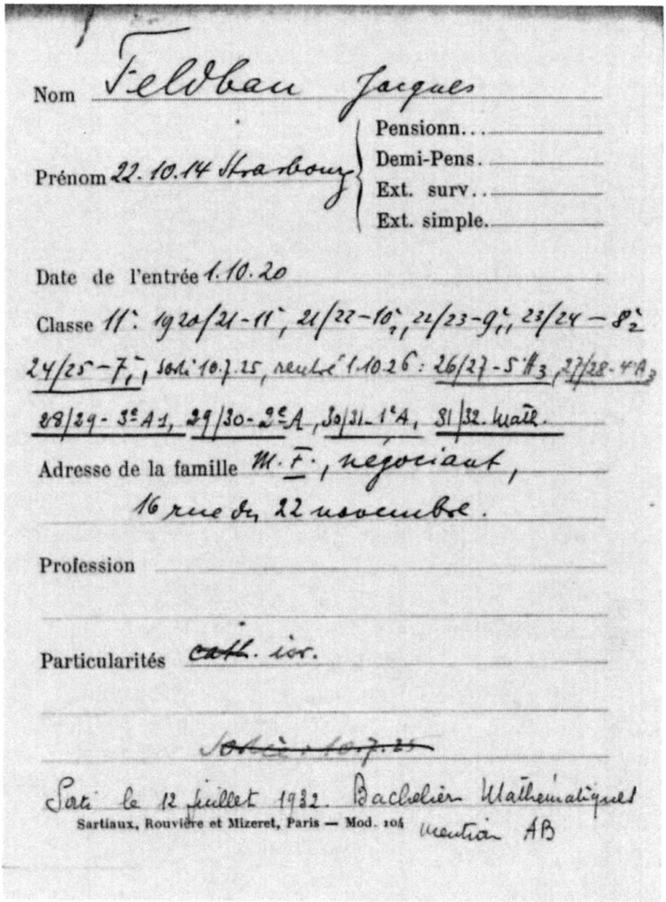

Nom Feldbau Jacques

Prénom 22.10.14 Strasbourg

Pensionn...
Demi-Pens.
Ext. surv..
Ext. simple.

Date de l'entrée 1.10.20

Classe 11e: 1920/21-11e, 21/22-10e, 22/23-9e, 23/24-8e, 24/25-7e, sorti 10.7.25, rentré 1.10.26: 26/27-5e A3, 27/28-4A3, 28/29-3e A1, 29/30-2e A, 30/31-1e A, 31/32 Math.

Adresse de la famille M. F., négociant, 16 rue du 22 novembre.

Profession

Particularités cath. isr.

~~Sorti le 10.7.25~~

Sorti le 12 juillet 1932. Bachelier Mathématiques mention AB

Sartiaux, Rouvière et Mizeret, Paris — Mod. 104

Abb. 2.2 Schulakte von Jacques Feldbau am Gymnasium Fustel

Die „Vorbereitungsklassen", von denen hier die Rede ist, die auf die Aufnahmeprüfung („Concours") der sogenannten Grandes Écoles[8] vorbereiten, hießen zu Feldbaus Zeiten „Mathématiques (spéciales) préparatoires" und „Mathématiques spéciales".[9] Am Gymnasium Kleber hießen die Mathematiklehrer der Vorbereitungsklassen Roy (in „Mathématiques spéciales préparatoires") und Picar-

[8] Das französische Hochschulwesen hat eine Doppelstruktur mit Universitäten und sogenannten „Grandes Écoles" (wie École polytechnique, École nationale d'administration, École normale supérieure, ...). Traditionell bilden letztere Ingenieure, hohe Beamte und Führungskräfte in der Wirtschaft und der Politik aus. Zugang zu ihnen erlangt man durch eine bestandene Aufnahmeprüfung („Concours"), die man zwei Jahre nach dem Abitur ablegt. Diese sehr selektiven Aufnahmeprüfungen werden in den Vorbereitungsklassen vorbereitet, die an Gymnasien (nicht etwa an Universitäten) angeboten werden.

[9] Die Umwandlung des ersten Jahres der Vorbereitungsklassen in die „Mathématiques supérieures", von denen Lévy in der Kurzform Math-Sup spricht, war eine Reform, die dem Vichy-Regime

dat (in „Mathématiques spéciales").[10] Jacques Feldbau hat nicht alle Klausuren des „Concours" geschrieben (und wurde deshalb nicht in die „École normale supérieure" (ENS) aufgenommen), weil er sich weigerte, am Samstag eine Klausur zu schreiben (Berichte von Georges Cerf [20] und von Laurent Schwartz [81], vergleiche Abschn. 1.3, Teil ‚Erinnerungen von Laurent Schwartz'). Pierre Lévy hat die Klausur am Samstag nicht erwähnt. Im Unterschied zur Aufnahmeprüfung für die ENS hat Jacques Feldbau diejenige zur „École des mines"[11] bestanden, wodurch er dort aufnahmefähig wurde (was bedeutete, dass er die erste Gruppe von Prüfungen bestanden hatte (wir wissen allerdings nicht, ob er an der zweiten Gruppe, den mündlichen Prüfungen, teilgenommen hat)).

- 1934–35 war Feldbau an der Universität Strasbourg eingeschrieben. Er hat dort die Kurse über Differenzial- und Integralrechnung gehört, die Henri Cartan las[12], und über Mechanik, sicherlich von René Thiry, dem Inhaber des entsprechenden Lehrstuhls, gelesen. Im Juni 1935 legte er die zugehörigen Prüfungen ab, wobei er im ersten Kurs die Note „très bien" (sehr gut) und in der zweiten „assez bien" (ziemlich gut, entspricht befriedigend) erhielt.
- 1935–36 erwarb er den Schein in „allgemeiner Physik", die wahrscheinlich von Paul Soleillet angeboten wurde, und in „höherer Analysis" (im Juni 1936). Georges Cerf war Inhaber des Lehrstuhls für höhere Analysis; aber es ist sehr gut möglich, dass André Weil in diesem Jahr einen Teil der Vorlesung gehalten hat – wenn er je diese Vorlesung gehalten hat, so muss das 1935–36 gewesen sein.[13] Die Tatsache, dass André Weil die höhere Analysis gelesen hat, wird durch eine Information, welche von Yvonne Lévy stammt, bestätigt, die sich in der Anmerkung 53 in Abschn. 2.5 findet. 1935 arbeitete Jacques Feldbau unter anderem als Bibliothekar am Mathematisches Institut (nach Georges Cerf [20]). Im selben Text erwähnt Cerf fünf Scheine, die Jacques Feldbau in zwei Jahren erworben habe; wir wissen nicht, welches der fünfte Schein gewesen ist.
  Lassen wir noch einmal Pierre Lévy zu Wort kommen.

> Feldbau war es, der mir vorschlug, mich nach den großen Ferien 1934 der Prüfung in der Differenzial- und Integralrechnung zu stellen. Ich bin durchgefallen. Aber das hat mich auf das nachfolgende Jahr im Mathematischen Institut vorbereitet, wo ich eine „Licence"[14] und ein „Diplôme d'études supérieures" in vertiefter Astronomie erwarb, während Jacques Feldbau auf die „Agrégation" hinarbeitete.

---

zu verdanken ist. Pierre Lévy, der später eine lange Laufbahn als Mathematiklehrer bestritt, hat vermutlich dieses terminologische Detail vergessen.

[10] Dank an Roland Brasseur für diese Informationen.

[11] Eine „Grande École", die Bergbauingenieure ausbildet.

[12] Henri Cartan hat in einem Heft Notizen für seine Vorlesungen und Karteikarten mit Namen von Studenten aufbewahrt. Darunter finden sich die Namen von Jacques Feldbau und von Pierre Lévy (Nachlass Cartan).

[13] Die Hinweise, welche Professoren in jenen Jahren welche Vorlesungen an der Universität Strasbourg gehalten haben, stammen von Françoise Olivier-Utard sowie aus den Heften von Henri Cartan und aus jenen von Hélène Lutz. Letztere werden in der Bibliothek des IRMA aufbewahrt.

[14] Entsprach zu jener in etwa einem deutschen Diplom nach der Formel „Abitur plus 4" (bac plus 4).

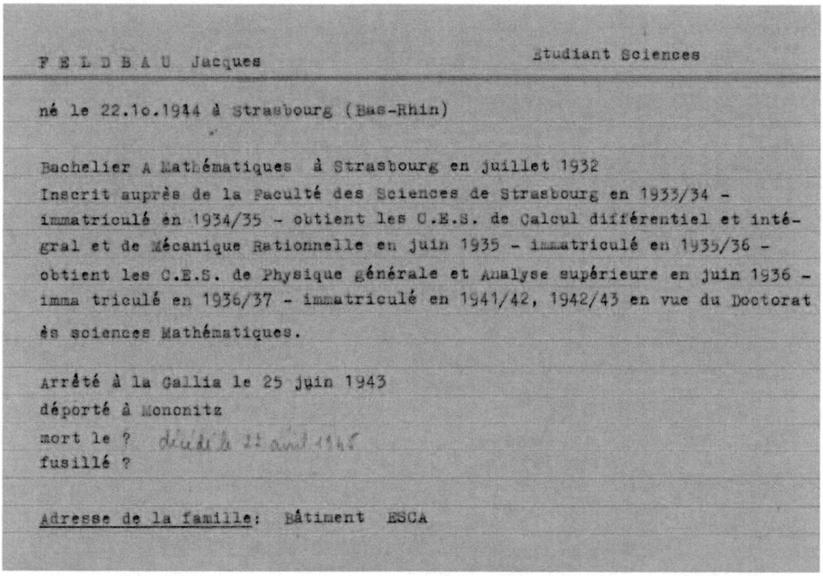

F E L D B A U Jacques — Etudiant Sciences

né le 22.1o.1914 à Strasbourg (Bas-Rhin)

Bachelier A Mathématiques à Strasbourg en juillet 1932
Inscrit auprès de la Faculté des Sciences de Strasbourg en 1933/34 - immatriculé en 1934/35 - obtient les C.E.S. de Calcul différentiel et intégral et de Mécanique Rationnelle en juin 1935 - immatriculé en 1935/36 - obtient les C.E.S. de Physique générale et Analyse supérieure en juin 1936 - imma triculé en 1936/37 - immatriculé en 1941/42, 1942/43 en vue du Doctorat ès sciences Mathématiques.

Arrêté à la Gallia le 25 juin 1943
déporté à Mononitz
mort le ?
fusillé ?

Adresse de la famille: Bâtiment ESCA

Abb. 2.3 Die Karteikarte von Jacques Feldbau: ein deportierter elsässischer Student

- 1936–37. Die nach dem Krieg angelegte „rosafarbene Karteikarte", die in der Abb. 2.3 zu sehen ist, fasst die einzelnen Schritte des universitären Werdeganges von Jacques Feldbau zusammen. Aus ihr geht hervor, dass Feldbau im akademischen Jahr 1936–37 eingeschrieben gewesen ist.[15]
  In Wirklichkeit bereitete sich Feldbau, wie Pierre Lévy ausführt, in Strasbourg auf die „Agrégation" vor. Die „Agrégation" ist eine Prüfung – ein „Concours" – für zukünftige Gymnasiallehrer. Zu Feldbaus Zeiten begannen die meisten französischen Mathematiker ihre Berufslaufbahn im höheren Schulwesen, weshalb sie diese Prüfung bestehen mussten. Jacques Feldbau hat auch einen Schein in Pädagogik erworben. Er war einer von 39 Kandidaten, die 1937 zur „Agrégation" zugelassen wurden; er fiel aber durch infolge des mündlichen Prüfungsteils. Halten wir fest, dass er der einzige Student aus Strasbourg war, der zur Prüfung zugelassen wurde. Nach Erhalt des Prüfungsergebnisses bewarb sich Feldbau als Gasthörer an der „École normale supérieure". An den meisten Universitäten und an der „École normale supérieure" (ENS) konnte man sich auf die „Agrégation" vorbereiten. Die beste Vorbereitung allerdings bot die ENS. Diese Vorbereitung richtete sich an die Studenten der ENS, aber auch an sorgfältig ausgewählte „Gasthörer", welche landesweit unter den besten Studenten der Universitäten ausgewählt wurden.

[15] Die maschinengeschriebene Karteikarte, die in der Abbildung 2.3 wiedergegeben wird, wurde inmitten von anderen Karteikarten, welche Informationen zu deportierten elsässischen Studenten (diese Karteikarten wurden zweifellos nach der Befreiung erstellt) von Josiane Olff-Nathan entdeckt und mir mitgeteilt.

- 1937–38 war Feldbau als Gasthörer an der ENS zugelassen. Dort bereitete er sich erneut auf die Prüfung für die „Agrégation" vor. Seine Spur findet sich zum Beispiel in der Gestalt einer Einschreibung für die Bibliothek des „Institut Henri Poincaré" (IHP)[16] am 8. Dezember 1937, welche in den Verzeichnissen dieser Bibliothek erhalten ist. Empfohlen wurde er von Georges Valiron, als Adresse gab Feldbau an:

  Cité Universitaire
  55 Boulevard Jourdan
  Paris 14e.

  Ende des Jahres stellte er sich der Prüfung, die er diesmal bestand. Die Teilprüfungen waren:

  - vier Klausuren (Elementarmathematik, spezielle Mathematik, Differenzial- und Integralrechnung, rationale Mechanik). Die erste dieser Klausuren wurde am 30. Mai geschrieben (einem Montag), 177 der 209 angetretenen Kandidaten gaben ab, wovon die 51 besten als „zulassbar" (admissible) deklariert wurden.
  - zwei „praktische" schriftliche Prüfungen (mit Zeichnungen [darstellende Geometrie] und Rechnungen) und zwei mündliche (zur Elementarmathematik und zur speziellen Mathematik), denen sich die 51 „zulassbaren" Kandidaten unterzogen.

  Jacques Feldbau erzielte folgende Punktzahlen (bei 20 erreichbaren): 11,5 (in Elementarmathematik), 7,5 in spezieller Mathematik, 12,5 in Differenzial- und Integralrechnung sowie 17 in Mechanik, also insgesamt 48,5 von 80. Damit war er der achtbeste Prüfling; der letzte Prüfling, der noch bestanden hatte, erreichte 34,5 von 80. Wir wissen nicht, welche Noten Feldbau in den praktischen und mündlichen Prüfungsteilen erreichte. Den Berichten von Georges Cerf und Laurent Schwartz zufolge hat er an einem Prüfungsteil nicht teilgenommen, da dieser an einem Samstag stattfand. Die Tatsache, dass einer (oder einige) der Prüflinge an einem Prüfungsteil nicht teilnahm (teilnahmen), wird im Bericht der Prüfungskommission [74] nicht genannt. Allerdings wird erwähnt, dass es eine 0 bei den Zeichnungen gab. Wahrscheinlich hat Feldbau an diesem Prüfungsteil nicht teilgenommen; die Punktzahl 0 könnte dafür gesorgt haben, dass seine Rangzahl fiel und er nur als Nummer 29 bestanden hat.[17] In Anbetracht der Tatsache, dass Feldbau einen Prüfungsteil nicht absolviert hatte, war das dennoch ein exzellentes Ergebnis!

[16] Das IHP in Paris besitzt eine große Spezialbibliothek für Mathematik und Physik.

[17] Mehrfach habe ich die Meinung gehört, dass Feldbau die „Agrégation" als dreizehnter von 40 Teilnehmern erworben habe. Die von André Chervel in [24] publizierten Listen (für Mathematiker besonders gut zugänglich in Gestalt von [25] [eine korrigierte Version hiervon findet sich im Internet auf der Seite des INRP]) nennen 34 erfolgreiche Prüflinge, wovon Feldbau der 29. war. Die am 1. August 1938 in der Zeitschrift „Le Journal des débats" publizierte Liste derjenigen, die „ehrenhalber" (aufgrund besonderer Verdienste) zu „Agrégés" ernannt wurden, bestätigt diese Rangliste.

Die „Agrégés" in Mathematik des Jahres 1938

In der Liste der „Agrégés" in Mathematik des Jahres 1938 heben wir den Namen Jean Balibar hervor. Er wurde Lehrer am Gymnasium Condorcet in Paris. Es war wohl kaum vorauszusehen, dass er in Anwendung der antisemitischen Gesetzgebung (welche schon in Abschn. 1.2, Teil ‚Antisemitische Tendenzen in Frankreich', erwähnt wurde) gleichzeitig mit Jacques Feldbau entlassen werden sollte (vergleiche den sehr interessanten Artikel [1]). Der Erstplatzierte unter den „Agrégés" war Luc Gauthier, ein Absolvent der „École normale supérieure" (und deshalb „Normalien" genannt), der während des Krieges als Repetitor („Agrégé-répétiteur") an der ENS arbeitete und in der Résistance tätig war. Er war Mitglied der FFI[18] und beteiligte sich an der Befreiung von Paris, bevor er ein Spezialist für Mechanik wurde. Zweitplatzierter war Pierre Khantine, ebenfalls ein „Normalien", der in unserer Geschichte eine wichtige Rolle spielen wird und den wir weiter unten wieder antreffen werden. Weiter bemerken wir, dass neben Jacques Feldbau und Pierre Khantine zwei weitere Mitglieder dieser Liste „für Frankreich gefallen" sind. Beide waren „Normaliens": Georges Lamarque wurde als Kämpfer der Résistance 1944 in den Vogesen getötet, Wolf Zinger verschwand während der deutschen Besetzung. Obwohl der Zweite Weltkrieg für die jungen französischen Mathematiker nicht so mörderisch war wie der erste (vergleiche [10]), sind vier Getötete bei einem Abschlussjahrgang mit 38 „Agrégés" nicht gerade wenig.

Die Topologie

Kehren wir zu den Erinnerungen von André Weil zurück (hierzu Abschn. 1.3, Teil ‚Erinnerungen von André Weil') und zum Gutachten von Ehresmann (Abschn. 1.3, Teil ‚Ein Gutachten von Charles Ehresmann'). Weil behauptet, er sei es gewesen, der Feldbau auf die Faserungen aufmerksam gemacht habe und der ihn an Ehresmann verwiesen habe. In Anbetracht der immensen Aktikvität, die Weil während der 1930er-Jahre im Bereich der Topologie an den Tag legte ([9, S. 473ff]), ist das sicher eine zutreffende Aussage. Halten wir weiterhin fest, dass Weil „Maître de conférences"[19] war und Vorlesungen hielt, während Ehresmann beim CNRS[20] angestellt war. Feldbau musste Vorlesungen von Weil besuchen, zweifellos war er in dessen höherer Analysis; Weil konnte auf diesen „sehr begabten" Studenten auf-

[18] FFI ist das Akronym für „Forces françaises de l'intérieur" (etwa „innerfranzösische Streitkräfte") und diente ab 1944 als Sammelbezeichnung für die verschiedenen militärischen Gruppierungen der Résistance.

[19] Feste Anstellungen an einer Universität, die heute in etwa deutschen Mittelbau-Stellen entsprechen.

[20] CNRS ist das Akronym von „Caisse nationale de la recherche scientifique", später dann (ab Oktober 1939) von „Centre nationale de recherche", der französischen Organisation der Forschungsförderung. Im Unterschied zur DFG besitzt das CNRS selbst eine große Zahl von festangestellten Forschern.

merksam werden und ihn an Ehresmann verweisen, den Feldbau vielleicht nicht kannte, da Ehresmann keine Vorlesungen hielt. Auf der Basis dessen, was wir wissen, und Weils Kapitel „Straßburg und Bourbaki“ sieht die Chronologie so aus:

- 1935–36, Jacques Feldbau besucht die höhere Analysis von André Weil in Strasbourg; Weil, der sich in jener Zeit für die Topologie begeisterte, erwähnt dieses Gebiet in seiner Vorlesung.
- 1936–37, Jacques Feldbau besucht eine Vorbereitungsklasse in Strasbourg. Am Anfang des Jahres hört er noch Vorlesungen von André Weil.[21] Im Januar 1937 reiste André Weil dann in die USA.
- 1938–39, Jacques Feldbau kehrt als „Agrégé“ in Mathematik nach Strasbourg zurück. Er bittet Weil um ein Thema für seine Dissertation, vielleicht hat sogar Feldbau selbst die Topologie vorgeschlagen, weil er Weil davon reden gehört hatte. Gerade in diesem Jahr wurde Ehresmann nach Strasbourg berufen und Weil rät Feldbau, sich an Ehresmann zu wenden. Und das funktionierte, denn im Mai publizierte Feldbau seinen Satz.

Vergleiche auch Abschn. 2.5, Teil ‚Mit André Weil‘.

2.3 Strasbourg in den 1930er-Jahren

Jacques Feldbau war, Georges Cerf zufolge [20],

> ein großer, gut gebauter junger Mann, der alle Sportarten begeistert betrieb, von Musik hingerissen war und der, dank seiner Aufrichtigkeit und seiner Güte sowie seines heiteren Charakters, nur Freunde hatte.

Feldbau spielte Klavier, betrieb den Schwimmsport (auf hohem Niveau – er wurde französischer Universitätsmeister, wie wir weiter unten sehen werden; vergleiche Abschn. 2.4, erster Absatz) und den Radsport, spielte Fußball (er war Kapitän der Fußballmannschaft der Bewegung „Yechouroun“ [84, S. 230]).[22] Feldbau fuhr auch Ski, wir werden sehen, dass er selbst unter dramatischen Bedingungen noch an den Wintersport dachte (vgl. Abschn. 2.9, Zitat Feldbau zum Wintersport), mit seinem Kajak befuhr der die Ill, seine Religion praktizierte er mit Hingabe. Er war ein brillanter junger Mathematiker, der auch einer Rauferei nicht aus dem Wege ging.

Man sollte festhalten, dass die politische Umgebung, in der sich all das abspielte, ziemlich belastend war. Fest steht, dass alle Ängste und Verwerfungen, die die politische Situation im Frankreich der 1930er-Jahre erzeugte, im Elsass aufgrund seiner geografischen, kulturellen und sprachlichen Nähe zu Deutschland und der drohenden Annexion durch Deutschland sowie durch die Rollen, welche die politische

[21] Die Tatsache, dass André Weil im Rahmen der Vorbereitung auf die „Agrégation“ gelehrt hat, wird zum Beispiel bestätigt durch den Artikel, welchen er 1936 über Enveloppen geschrieben hat [93, S. 532].

[22] Eine jüdisch-orthodoxe Bewegung in Strasbourg, die sportliche Aktivitäten für junge Menschen organisierte.

Abb. 2.4 Jacques Feldbau auf einem Balkon der ESCA – damals konnte man noch ein großer Sportler und Raucher zugleich sein

Autonomie-[23] und die katholische Bewegung spielten, noch verschärft und gesteigert wurden.

Eine Anmerkung

Die geschilderte Situation, insbesondere die Atmosphäre, wurde nicht von allen Mitgliedern der Straßburger Gesellschaft gleich empfunden. Das hier Gesagte kann man sicherlich als ein sehr eingeschränktes Bild von Strasbourg in den 1930er-Jahren ansehen. Dennoch stellt es eine Wahrheit dar, und zwar eine nur wenig bekannte. Neben den Erinnerungen von Pierre Lévy habe ich als Quellen für diesen Abschnitt die Artikel [88] und [89] von Léon Strauss und das Buch [48] von Frédéric Chimon Hammel verwendet.

Es ist bekannt, dass die 1930er-Jahre in Frankreich Jahre des Wiederaufstiegs des Antisemitismus waren. Dieser war im Elsass besonders deutlich zu spüren, vor allem nachdem eine große Zahl von deutschen Flüchtlingen nach der Machtergreifung Hitlers (1933) und von saarländischen Flüchtlingen nach der Rückkehr der Saar nach Deutschland (1935) während einer Zeit hoher Arbeitslosigkeit in die-

[23] In den 1930er-Jahren war die elsässische Autonomiebewegung, deutlich ausgedrückt, pro nationalsozialistisch eingestellt, was sie schließlich während des Krieges unter Beweis stellen sollte. Deshalb geriet diese Autonomiebewegung später in Misskredit, was deren fast vollständiges Verschwinden nach dem Krieg erklärt.

ser deutschsprachigen Region Zuflucht gesucht hatten. Der Antisemitismus war ein bevorzugtes Thema der Agitation der extremen Rechten im Elsass und in Lothringen. Ich mache darauf aufmerksam, dass es sich dabei keineswegs um einen „platonischen" Antisemitismus handelte. Am 24. September 1938 (also an dem Tag, als in Frankreich während der Krise, die ihr vorläufiges Ende durch den „feigen Kompromiss" von München, vergleiche [88], fand, eine Teilmobilisierung angeordnet wurde) war Strasbourg Zeuge eines beginnenden Progroms gegen die „jüdischen Kriegstreiber" (im Sinne dieser Rhetorik galten die Juden als Befürworter eines Krieges gegen Deutschland, weil sie Hitler eliminieren wollten) – ein Prolog für die Plünderung jüdischer Geschäfte, die im Juni 1940 stattfand.

Hier eine Schilderung von Pierre Lévy, die er mir gegeben hat:

> Ich muss jetzt auf die Politik eingehen. Es herrschte in Strasbourg eine todbringende[24] Stimmung, weshalb wir eine Gruppe zur Verteidigung gegen den Antisemitismus gründeten.

Eine Frage meinerseits beantwortend präzisierte Lévy, dass die „Gruppe zur Verteidigung gegen den Antisemitismus" aus etwa zwanzig jungen Juden unter Leitung von Jacques Feldbau bestand, einem großen Sportler, der handgreifliche Auseinandersetzungen nicht scheute. Lévy ergänzte:

> Die Gruppe zur Verteidigung gegen den Antisemitismus benannte sich nach Bar Kokhba, der Kaiser Hadrian gezwungen hatte, „Befriedungsmaßnahmen" durchzuführen.

Léon Strauss berichtet vom einem „Dokumentationszentrum über antisemitische Organisationen und Kundgebungen" sowie von Kursen in „Gymnastik" (in Wirklichkeit: Selbstverteidigung), welche die Anführer der Bewegungen junger Juden in Strasbourg organisierten (gemeint sind die Anführer der EIF[25] und der orthodox-jüdischen Bewegung „Yechouroun" sowie anderer Bewegungen, erklärte mir Pierre Lévy). Pierre Lévy:

> Ich werde Ihnen drei große Auseinandersetzungen nennen. 1934 fand eine im Theater statt, in deren Verlauf wir die pro-nationalsozialistischen deutschen Schauspieler verjagten. Notwendigerweise waren sie für die Nationalsozialisten, andernfalls wären sie keine Schauspieler mehr gewesen. Beim Weggehen sagten sie: „Wir werden wiederkommen."
>
> Die zweite Auseinandersetzung, die wir – wie ich zugeben muss – verloren haben, fand an der Universität statt, als die Antisemiten Frau Brunschvicg[26], Ministerin in der Regierung von Léon Blum, mit Rufen wie „Hors d'ici!"[27] und „À Jérusalem"[28] darin hinderten, zu sprechen.

---

[24] „irrespirabel", sagt Hammel [48, S. 8]. Anlässlich eines Vortrags, den ich am 13. Juni 2007 am IRMA in Strasbourg gehalten habe und in dem ich die beiden genannten Charakterisierungen verwandte, bemerkte Pierre Lévy, dass die Sprachwissenschaftler noch nicht das Vokabular erfunden hätten, welches geeignet wäre, jene Epoche adäquat zu beschreiben.

[25] Akronym für „Éclaireurs israélites de France", eine israelitische Pfadfindervereinigung in Frankreich

[26] Cécile Brunschvicg war Unterstaatssekretärin im Unterrichtsministerium in der Regierung der Volksfront unter Léon Blum, der ersten französischen Regierung, welche Frauen in ihrer Mitte hatte, die aber noch kein Wahlrecht hatten. So erklärte es mir Pierre Lévy bei unserer zweiten Unterhaltung. Er erläuterte mir ferner, dass Cécile Brunschvicg eine Cousine zweiten Grades von ihm war. Mehr Informationen zu dieser ungewöhnlichen Frau findet man bei [5].

[27] Raus hier!

[28] Ab nach Jerusalem!

Abb. 2.5 Cécile Brunschvicg

Wie man weiß, war die „jüdische Volksfront“ eines der wichtigsten Themen des französischen Antisemitismus jener Epoche – ein Thema, das im Elsass erst recht bevorzugt wurde wegen der von der einflussreichen katholischen Partei UPR[29] geförderten Befürchtungen, diese Regierung könne das lokal gültige Schul- und Religionswesen außer Kraft setzen.[30] Die Auseinandersetzungen anlässlich des Vortrags von Cécile Brunschvicg werden auch in [89] dargestellt. Sie fanden am 25. Februar 1937 statt. Sechzig „royalistische und faschistische“ Studenten warfen Knallfrösche und Stinkbomben; sie stießen übelste Beleidigungen wie „À bas la youpine“[31] (um Pierre Lévys Liste von Beleidigungen zu komplettieren) aus. Kurz: Trotz der Bemühungen der Gruppe zur Verteidigung konnte die Ministerin ihren Vortrag nicht in der „Salle Pasteur“ des Universitätsgebäudes halten; sie sprach dann vor einem kleineren Publikum in einem kleineren Saal.

Um dieses Tableau nicht allzu schwarz zu malen, ist es vielleicht nicht überflüssig, darauf hinzuweisen, dass sich nicht wenige Angehörige der Universität Strasbourg, darunter auch Georges Cerf, an der Volksfront beteiligten. Ebenso wenig war

[29] Akronym für „Union populaire républicaine“, etwa Republikanische Volksvereinigung; 1918 gegründete konservative Partei christlich-demokratischer Ausrichtung.

[30] Bei der Rückgliederung des Elsass und Lothringens 1918 wurde vereinbart, dass in diesen Gebieten die Gesetze über die Trennung von Staat und Kirche, welche in Frankreich 1903 in Kraft getreten waren, keine Anwendung finden sollten. Deshalb gestaltete sich (und gestaltet sich immer noch) dort dieses Verhältnis nach wie vor nach preußischem Vorbild (z. B. Religionsunterricht in staatlichen Schulen).

[31] Nieder mit der Saujüdin.

der „feige Kompromiss“ von München derjenige der gesamten Bevölkerung, auch nicht im Elsass. Zum Ruhme der Universität Strasbourg sei die „Anti-München-Adresse“ erwähnt, die von 128 Straßburger Professoren unterzeichnet und an Präsident Lebrun im Januar 1939 gesandt wurde. Den Text derselben sowie die Namen der Unterzeichner findet man in [90]. Einige der Unterzeichner tauchen auch in unserem Buch auf, so Henri Cartan, Georges Cerf, Paul Flamant, Charles Hauter und Robert Waitz.

Kehren wir aber zu den Erinnerungen von Pierre Lévy zurück.

> Die dritte Auseinandersetzung war die bei der „Maison Kammerzell“.[32] Es gab dort ein Schild „Verboten für Hunde und Juden“, welches anscheinend keinen Gast störte.

Verblüfft[33] bat ich Lévy, mir zu sagen, in welchem Jahr das gewesen sei. Seiner Erinnerung nach war es „1938 oder 1939“. Und er fügte hinzu:

> Wenn jemand Klage führte, antworteten ihm die gewählten Vertreter (der UPR) und die Polizei „Man darf sie nicht nerven.“

„Sie“ meint hier die pro-nationalsozialistisch eingestellten Verantwortlichen und Sympathisanten solcher Aushänge. Hören wir den Bericht von Pierre Lévy über diese dritte Auseinandersetzung:

> Feldbau hatte das Schild abgerissen, es gab ein Handgemenge mit einigen Gästen. Wir sind dann abgehauen, weil sich die Polizei näherte, um uns festzunehmen.

In [89] wird die Auseinandersetzung an der „Maison Kammerzell“, von der Pierre Lévy berichtet, auf November 1938 datiert und ein Schild „Juden unerwünscht“ erwähnt. Dieser Artikel berichtet weiterhin von einer vierten Auseinandersetzung, die anscheinend von derselben Gruppe geführt wurde, bei der die „Volksbuchhandlung“, eine pro-nationalsozialistische Buchhandlung, geplündert wurde. Pierre Lévy erinnerte sich an „pro-nationalsozialistische“ Buchhandlungen vor allem in den Verlagsgebäuden der „autonomistischen“ Zeitungen wie die „Landespartei“ in der Rue de l’Ail. Er kann sich aber nicht darin erinnern, an dieser Aktion teilgenommen zu haben. Er hat mir auch von anderen Aktionen berichtet, die Gruppen junger Republikaner gegen ein Kino durchführten, das Propagandafilme der Nazis vorführte (wie „Olympia“ von Leni Riefenstahl).

[32] Für die Leser dieses Buches, die Strasbourg nicht kennen, sei erwähnt, dass die „Maison Kammerzell“ ein auch heute noch bekanntes Restaurant am Münsterplatz (Place de la Cathédrale) ist, das sich in einem sehr schönen alten Gebäude befindet.

[33] Als ich mit der Arbeit am vorliegenden Buch begann, war es für mich eine neue und niederschmetterende Vorstellung, dass es 1938 in Strasbourg oder allgemein in Frankreich ein solches Schild hatte geben können. Paulette Libermann hat mir erzählt, dass sie nicht annähme, es habe solche Schilder vor dem Krieg in Paris gegeben (und ich hoffe sehr, dass diese Information nicht dementiert wird). Vergleiche hierzu auch Abschn. 4.2, erster Absatz, weiter unten.

Ein Exkurs: Hasse in Strasbourg

Pierre Lévy erwähnte außerdem in unserer Unterhaltung einen mathematischen Vortrag, den das Mathematische Institut in Strasbourg 1939 organisiert hat. Bei diesem Anlass traf Jacques Feldbau Helmut Hasse, der – wenn ich es recht verstanden habe – ohne offizielle Einladung gekommen war. Ich nehme an, dass das, was Lévy mir erzählte, die Wiedergabe eines Berichts Feldbaus war; dieser erfolgte zweifellos 1939–40, als die beiden sich zusammen in Tours aufhielten, wie wir weiter unten noch sehen werden. Somit könnte es sein, dass Lévys Bericht nicht ganz korrekt ist. Der „Nazi“ – so Pierre Lévy – Hasse soll zu Feldbau gesagt haben, dass er auf eben diesen Bänken studiert habe. Auf Deutsch hat er angeblich hinzugefügt: Wir kommen wieder.[34] Hasse wurde im Mai 1939 von Gaston Julia [35] nach Paris zu einer Vortragsreihe eingeladen. Dort nahm er an der Sitzung der „Académie des sciences“ am 22. Mai teil. Das belegt eine Notiz im 208. Band der „Comptes Rendus“, wo es heißt, dass der Präsident Hasse begrüßt habe, und eine Karte erwähnt wird, auf die Hasse seinen Namen schrieb. Diese wird in der Mappe dieser Sitzung, welche das Archiv der „Académie des sciences“ aufbewahrt, belegt. Welch ein Zufall: An diesem Tag wurde auch die erste Note [38] von Feldbau behandelt.

Auf der Heimreise machte Hasse (ohne offizielle Erlaubnis übrigens) Halt in Strasbourg, wo er am 30. Mai von Ehresmann und Cartan empfangen wurde. Hasse wiederholte in Strasbourg seinen dritten Pariser Vortrag. Henri Cartan hat ein Heft mit Seminarmitschriften aufbewahrt,[36] in dem sich seine Mitschrift des Vortrags von Hasse finden (dieses Heft belegt weiter, dass der nächste Vortrag, am 7. Juni, von Feldbau selbst gehalten wurde; er hatte den Titel „Espaces fibrés“ (Faserungen)). Es ist klar, dass sich die Schilderung von Pierre Lévy auf diesen Besuch Hasses bezog.

2.4 Der Krieg 1939–40

Zum Zeitpunkt des französischen Kriegseintritts (3. September 1939) hatte Feldbau erste Resultate für seine Dissertation erhalten und im Mai seine erste Note in den *Comptes rendus* [38] publiziert, in der er den „Satz von Feldbau“ bewies. Im Juni stellte er seine Ergebnisse im Seminar zu Strasbourg vor. Im Juli wurde dieser große Sportsmann französischer Universitätsmeister im Schmetterlingschwimmen. Man findet Hinweise hierauf in der Tagespresse vom 10. Juli 1939; die Universtitätsmeisterschaft hatte – ebenso wie die Militärmeisterschaft – am Vortag im Schwimmbad

[34] Obwohl Helmut Hasse 1933 die Stelle in Göttingen übernahm, die Hermann Weyl „freigemacht“ hatte, und obwohl er niemals seine Sympathien für die nationalsozialistische Politik Hitlers verbarg, war er dennoch nicht im strengen Sinne Parteimitglied gewesen. Im Widerspruch zu einem Foto, das ihn geschmückt mit den Insignien der Partei zeigt, hat einer seiner Feinde einen jüdischen Ahnen bei Hasse entdeckt, was dessen Aufnahme in die Partei verzögerte (vergleiche [82]). Andererseits ist sicher, dass Hasse nicht in Strasbourg studiert hat.

[35] Vergleiche [10] für mehr Informationen über Julia.

[36] Nachlass Henri Cartan.

Abb. 2.6 Jacques Feldbau als Flieger

Tourelles zu Paris stattgefunden. Feldbau hatte das 200-Meter-Brustschwimmen in 3 min 17 s geschafft (in jener Zeit war es zulässig – und wurde sogar als modern betrachtet – Schmetterling- und Brustschwimmen zusammenzunehmen).[37]

Wie Feldbau in seiner Bewerbung als Gasthörer an der ENS schreibt, war er bis 1939 vom Militärdienst zurückgestellt. Er hatte eine militärische Ausbildung als Offiziersanwärter absolviert und wurde für den Luftwaffenstandort Tours mobilisiert. Dort traf er seinen Freund Pierre Lévy wieder:

> Nach der Mobilmachung fanden wir uns im Luftwaffenstützpunkt Tours wieder. Wir waren dort von Oktober 39 bis Januar 40 zusammen. Feldbau wurde an der Offiziersschule Châteauroux angenommen und hat an den Kämpfen 1940 teilgenommen.

Pierre Lévy dagegen wurde gleich an die Front geschickt.

> Ich habe Jacques nicht wiedergesehen. Meine Mutter hat ihn getroffen. Sie wurde im Frühjahr 1940 nach Tours evakuiert. Dort erlebte sie den Zusammenbruch, als die Wehrmacht nach einem Wolkenbruch bei strahlendem Sonnenschein ihren triumphalen Einzug hielt.

Zum Zeitpunkt des französischen Zusammenbruchs hatte Jacques Feldbau zwanzig Probeflugstunden absolviert [20]. Nach dem Waffenstillstand vom Juni 1940 wurde Feldbau demobilisiert; er kam als Lehrer an das Gymnasium in Châteauroux, einer kleinen Stadt in Zentral-Frankreich, dem er zum Schuljahresbeginn im Herbst

[37] Ich danke Roland Brasseur dafür, dass er die entsprechenden Zeitungsausschnitte aufgetrieben hat.

Abb. 2.7 Jacques Feldbau in Fliegeruniform

1940 zugeteilt wurde. Châteauroux lag in der „freien Zone". Die antisemitischen Dekrete (vergleiche Abschn. 1.2, Teil ‚Antisemitische Tendenzen in Frankreich') des Vichy-Regimes wurden am 3. Oktober erlassen. Wie wir sehen werden, hielt sich Feldbau noch am 21. November in Châteauroux auf. Die Chronologie, wie die Bestimmungen zur Ausschließung der Juden in Châteauroux angewendet wurden, ist nicht genau bekannt; es ist aber anzunehmen, dass die Dinge, mit gewissen Ausnahmen, ebenso abliefen wie in Paris. Wir erinnern daran, dass wir bereits den Artikel [1] zitiert haben, der bezüglich des Gymnasiums Condorcet in Paris folgendes berichtet:

- Im Laufe des Oktobers fragte der „Proviseur"[38] auf Weisung des Rektors[39] in der Lehrerkonferenz, wen der Artikel 1 (derjenige Artikel des Gesetzes vom 3. Oktober 1940, der den Begriff Jude „definierte") betreffe. Nachdem alle Lehrer in verschlossenen Umschlägen geantwortet hatten, meldete der „Proviseur" die Liste der jüdischen Professoren an den Rektor.
- Die entlassenen Lehrer hielten ihre letzte Schulstunde am 18. Dezember.

Weiter unten (in Abschn. 2.5, ‚Briefe von Dieudonné an Cartan') werden wir einen Beleg kennenlernen, der zeigt, dass Jacques Feldbau am 14. Dezember noch nicht in Clermont-Ferrand war, was darauf hindeutet, dass diese Chronologie zutreffen könnte.

---

[38] Der Leiter eines Gymnasiums, also der Direktor nach deutschem Sprachgebrauch.

[39] Der Leiter einer der 26 französischen Akademien, das heißt der obersten, nur dem nationalen Ministerium untergeordneten Unterrichtsbehörden in einem bestimmten Bereich, z. B. dem Elsass, ebenfalls Akademie genannt.

In einem Gespräch mit Feldbaus Schwester Jeannette, das diese mit Claude Singer geführt hat und das in [84, S. 167]) zitiert wird, erinnert sich diese:

> Ich verkaufte dann Stifte und Radiergummis an einem Stand. So verstanden die Schüler, dass die Juden nicht unterrichten durften.

Am 21. November aber war Jacques Feldbau, wie wir festgestellt haben, noch Lehrer am Gymnasium von Châteauroux. An diesem Tag schrieb er folgende Karte an Georges de Rham[40]:

> Châteauroux, 21. November 1940
>
> Lieber Herr,
>
> ich habe die Sonderdrucke, die Sie die Freundlichkeit mir zu schicken hatten, wohlerhalten bekommen und ich bin Ihnen dafür sehr dankbar.
>
> Diese sind mir umso nützlicher, als fast alle meine Bücher in Strasbourg geblieben sind und als verloren betrachtet werden müssen.
>
> Die Herren Ehresmann und A. Weil halten sich gegenwärtig in Clermont-Ferrand (Puy de Dôme) auf. Herr Ehresmann ist Professor an der naturwissenschaftlichen Fakultät, Herr Weil wartet auf seine Abreise nach Amerika.
>
> Ich interessiere mich hauptsächlich für topologische Fragen (Faserungen, absoluter Parallelismus auf Sphären, Homotopieeigenschaften der orthogonalen Gruppe etc.) und wäre froh, mit der schweizerischen Schule, die sich für dieselben Fragen interessiert, in Kontakt zu bleiben.
>
> Mit vorzüglicher Hochachtung
>
> J Feldbau
>
> Jacques Feldbau
> Lehrer am Gymnasium
> Châteauroux
> Indre

2.5 Clermont-Ferrand

Die Karte, die wir gerade zitiert haben, belegt, dass Jacques Feldbau in Châteauroux nicht nur mit de Rham in Verbindung stand, sondern auch mit Ehresmann; er war über das, was in Clermont-Ferrand geschah, bestens informiert.

Informationen zur Verlegung der Universität Strasbourg nach Clermont-Ferrand, die für unsere Geschichte einen wichtigen Rahmen abgibt, findet man in dem Artikel [68] sowie in den neueren Werken [28, 45], insbesondere in den Artikeln [86, 87] von Léon Strauss. Wir beschränken uns hier darauf, daran zu erinnern, dass die „Rückeroberung“ der Deutschland durch das „Versailler Diktat“ „geraubten“ Gebiete, zu denen das Elsass zählte, eine der Kriegsursachen war. Die Stadt Strasbourg wurde deshalb ab September 1939 evakuiert, die Universität fand in Clermont-Ferrand mit Beginn des Wintersemesters 1939 eine neue Bleibe. Im Juni 1940 waren die deutschen Truppen in Strasbourg einmarschiert, das Elsass

[40] Fonds Georges de Rham. Diese Karte wurde bereits in [23] publiziert

und Lothringen wurden einfach dem Reich angegliedert. Die Deutschen versuchten danach, die Elsässer zur Rückkehr zu zwingen.[41]

Im Dezember 1940 (zweifellos gegen Ende des Monats) ist Jacques Feldbau also in Clermont-Ferrand eingetroffen, wohin die Universität Strasbourg verlegt worden war. Er erhielt ein Stipendium des CNRS[42], das er niemals antasten sollte.

Seine Familie stieß im April 1941 zu ihm.

Bemerkungen

Wir weisen darauf hin, dass in dieser Geschichte ein Detail unbekannt bleibt: Was hat die Familie Feldbau zwischen der Evakuierung von Strasbourg (September 1939) und ihrer Ankunft in Clermont-Ferrand (April 1941) gemacht? Sie war nach dem, was die Kinder von Jeannette Feldbau gehört haben, zuerst in Géradmer, dann in Paris. Insbesondere befand sie sich zum Zeitpunkt des Waffenstillstands in der Nordzone. Um Jacques Feldbau in Clermont-Ferrand im April 1941 zu treffen, musste die Demarkationslinie überschritten werden, wie das Henri Cartan in seinem von uns in Abschn. 1.3, zitierten Erinnerungstext ausführt. Weiter steht in Cartans Text, dass Charles Ehresmann der Familie seine Wohnung in der Rue Saint-Jacques zur Verfügung gestellt habe. Dagegen berichten die Kinder von Jeannette Feldbau, dass ihre Mutter und ihre Großeltern in Paris am Square Villaret de Joyeuse, also im 17. Arrondissement, gewohnt hätten. Andrée Ehresmann hat diesen geringfügigen Widerspruch nicht aufgeklärt.[43]

Jacques Feldbau hat sich 1941–42 und 1942–43 als Promotionsstudent für Mathematik eingeschrieben; er gab Privatunterricht, um sich zu ernähren. Wie Claude Singer [84, S. 288] feststellt, lässt sich nachweisen, dass einige jüdische Studenten eine Forschungsarbeit aufnahmen, weil es ihnen untersagt war, die „Agrégation" zu erwerben und zu unterrichten. Neben den Fällen, die Singer aufführt, erwähnen wir den Fall von Paulette Libermann, die zuerst bei Élie Cartan, dann nach dem Krieg bei Ehresmann (vergleiche [66]) promovierte. Es sei hier festgehalten, dass der Fall von Jacques Feldbau anders lag, da dieser sich schon vor dem Krieg der Forschung zugewandt hatte; wie wir gesehen haben, veröffentlichte er 1939 die Note [38].

⋆

In Clermont betrieb Feldbau Mathematik (hauptsächlich) mit Ehresmann und (ein bisschen) mit Weil, er diskutierte mit Laurent Schwartz und fand 1941 die Resultate der Noten [34, 36]. Feldbau unterrichtete, hielt durch, lernte Russisch, spielte Klavier, lernte den Beruf des Metalldrehers, machte sich neue Freunde.

---

[41] Die Bücher, die in Strasbourg in einer leeren Wohnung, noch dazu einer wohlhabenden jüdischen Familie, verblieben waren, konnten, wie Feldbau in seinem oben zitierten Brief an de Rham schreibt, getrost als verloren gelten.

[42] Vergleiche [84, S. 268]; für diese kurzlebigen „Neuzuordnungen" auch [20].

[43] Charles Ehresmann wohnte in der Rue Saint-Jacques im 5. Arrondissement, auch noch während seiner ersten Straßburger Jahre kurz vor dem Krieg. Er pendelte zwischen Strasbourg und Paris. Ich danke Jacques-Vivien Debré und Andrée Ehresmann dafür, dass sie meine diesbezüglichen Fragen beantwortet haben.

Mit André Weil

Wann und worüber Feldbau mit Weil gesprochen hat, ist nicht vollkommen klar. Wie in Abschn. 2.2, Teil ‚Die Topologie', ausgeführt, stammt die Idee der Topologie und der Faserungen aus der Vorkriegszeit. Liest man die Gutachten von Ehresmann (Abschn. 1.2, Teil ‚Über das Gesetz der Komposition', und Abschn. 1.3, Ende des Teils ‚Ein Gutachten von Charles Ehresmann'), so findet man dort Weil erwähnt im Zusammenhang mit dem Gesetz der Komposition (Whitehead-Produkt). Ein Artikel Feldbaus [39], den dieser 1942 verfasste, legt die Annahme nahe, dass Weils Anregung Ende Dezember 1940 oder Anfang Januar 1941 erfolgte. Wir merken an, dass Weil, obwohl er sich zweimal in schriftlicher Form (vergleiche den Brief an de Rham und die in Abschn. 1.2, Ende Teil ‚Über die Homotopieeigenschaften', zitierte Rezension für die „Mathematical Reviews" der Note [36]) äußerte, niemals (warum auch immer) einen Bezug zu dieser Arbeit von 1941 hergestellt hat.

Widerstand

Jacques Feldbau nahm vom 18. April bis zum 12. Mai 1941 an einem Lager für Kader in Vieux-Moulin bei Beauvallon[44] bei Edmond Fleg[45] mit den Verantwortlichen der EIF teil.

> Er verfolgte alles, was gemacht wurde, insbesondere die Vorträge von Edmond Fleg über die Beiträge des Judentums zur Humanität. Seine Mitschriften hielt er in einem vorbildlich geführten Heft fest, perfekt, wie alles, was er tat. [20]

In Beauvallon traf Feldbau insbesondere Pierre Khantine, seinen Mitschüler bei der „Agrégation" wieder, der später als Jude (von einem Franzosen) denunziert, verhaftet und am 31. März 1944 in Rouffignac[46] als Mitglied der Résistance erschossen wurde.

Da, wie wir gesehen haben, Feldbau in gewisser Weise schon vor dem Krieg Widerstand leistete, war es nicht erstaunlich, dass er sich mit den EIF der Résistence anschloss. Die Karteikarte [37] besagt, dass er in der „Sixième-EIF"[47] mit

---

[44] Beauvallon, von dem hier die Rede ist, befindet sich im Var und hat nichts zu tun mit dem Dörfchen gleichen Namens im Dieulefit, dessen Schule während des Krieges viele jüdischen Kinder aufnahm und rettete.

[45] Edmond Fleg, Schriftsteller, insbesondere Autor von „Pourquoi je suis juif" (Warum ich Jude bin), war der Ehrenpräsident der EIF

[46] Am 31. März 2007 hat die Gemeinde Rouffignac eine ihrer Schulen nach Pierre Khantine benannt.

[47] Was war diese „Sixième" [Sechste]? 1941 hatte ein französisches Gesetz die UGIF, die „Union générale des israélites de France" [etwa: Allgemeiner Bund der Israeliten in Frankreich] geschaffen, um die verschiedenen jüdischen Organisationen zusammenzufassen. Die EIF gehörten in dieser Organisation zur sechsten Sektion, den Pfadfindern. Als sich im November 1941 die EIF offiziell auflöste, nannte man deren Nachfolgeorganisation im Untergrund weiterhin „La Sixième".

Chameau[48] gewesen sei. Ich habe keine weiteren Hinweise auf Feldbaus Aktivitäten gefunden. Aber einmal abgesehen von einer gewissen Verpflichtung zur Geheimhaltung hätte ihn auch seine übliche Bescheidenheit gehindert, darüber mit Freunden oder Kollegen zu sprechen.

Simone Weiller, eine Freundin von Jacques Feldbau, die ich später vorstellen werde, erinnert sich an eine Unterhaltung zwischen Jacques Feldbau und Pierre Khantine. Khantine war auf der Durchreise in Clermont-Ferrand; er sagte zu Feldbau, dies sei nicht mehr die Zeit, um Mathematik zu betreiben und dass man die Forschung zugunsten des Widerstands aufgeben müsse.

Die Mathematik

In jener Zeit gab es in Clermont-Ferrand ein reges mathematisches Leben. Anlässlich eines Kolloquiums, das seinen Niederschlag in der Veröffentlichung des Buches [45] über die französischen Universitäten in der Besatzungszeit fand, erinnerten sich einige Mathematiker der außergewöhnlichen Stimmung, an der ihre Disziplin damals teilhatte. Durch diesen positiven Aspekt unterschied sich ihr Artikel [27] anscheinend zu sehr von den anderen Artikeln, als dass er im fraglichen Buch hätte erscheinen dürfen. Folglich wurde er nicht publiziert. Er beginnt so:

> Paradoxerweise war die schwierige Zeitspanne, die das Thema dieses Kolloquiums bildet, für die Mathematik in Clermont ein sehr fruchtbarer Moment.

In Clermont trafen sich die Straßburger Professoren wieder, unter ihnen Georges Cerf, dem es durch die antisemitischen Gesetze verboten war, zu unterrichten, und seine Kollegen, von denen mehrere Mitglied von Bourbaki waren. Wie wir bereits wissen (vergleiche die Abschn. 1.2, Ende Teil ‚Faserungen über der Sphäre' und Abschn. 1.4), hielt die „Société mathématique de France" in Clermont Treffen ab. Yvonne Lévy hat mir von der anwesenden „bourbakistischen" Gruppe erzählt. Wie wir gesehen haben, war Cartan in Clermont (allerdings nicht lange, da er nach Paris berufen wurde), Ehresmann und Weil verbrachten dort einige Monate (Weil vom 10. Oktober 1940 bis zum 14. Januar 1941, wenn ich [94][49] richtig lese. Daraus ergibt sich ein knapper Monat, den Weil und Feldbau zusammen in Clermont

---

Im Untergrund tätig, hat die „Sixième" Tausende von Juden, hauptsächlich Kinder, versteckt oder ihnen zur Flucht verholfen. Vergleiche das Buch [48].

[48] Bevor Chameau zum Decknamen von Hammel wurde, wurde dieser Name schon als Spitzname für Frédéric Chimon Hammel bei den EIF verwendet. Nicht etwa weil „Kamel" im Deutschen für „chameau" steht, sondern weil es den Kindern verboten war, während der Ausflüge der EIF etwas zu trinken. Wir haben bereits Hammel als Autor von [48] erwähnt. Er war Chemiker, aus Strasbourg gebürtig, und hat sicherlich an den Auseinandersetzungen teilgenommen, von denen mir Pierre Lévy (vergleiche Abschn. 2.3) berichtet hat. Weitere Zeugnisse, insbesondere zu den EIF und zu den jüdischen Widerstandsorganisationen (vor allem in Limoges) findet man in dem Buch [78] von Jacques Salon.

[49] Die genauen Daten, 10. Oktober und 14. Januar, entstammen der Korrespondenz von Weil respektive Dieudonné mit Henri Cartan. Vergleiche [9].

verbracht haben, vergleiche hierzu unten). Weiterhin waren anwesend Chabauty, Mandelbrojt vor seiner Abreise in die USA, Possel und Dieudonné (vergleiche [81, S. 155–56]).

Briefe von Dieudonné an Cartan

Jean Dieudonné erreichte Clermont-Ferrand Anfang Dezember 1940; er verbrachte dort einen Teil der Besatzungszeit, bevor er nach Nancy aufbrach. Dieudonné unterhielt einen fast täglichen Briefwechsel mit Henri Cartan.[50] Am 14. Dezember schrieb Dieudonné:

> [...] Bis jetzt habe ich nur die höhere Analysis als Vorlesung sowie 2 Stunden für die Agrégation; ich werde aber die Nachfolge von Ce. [Cerf] (der nächste Woche in Folge des berühmten „Status" aufhört) antreten. Ich werde also die Differenzialgleichungen übernehmen, d. P. [de Possel] macht den gesamten Rest [...]

Am 29. Januar erwähnt Dieudonné in einem Postskriptum zu einem langen Brief, der hauptsächlich den Angelegenheiten Bourbakis gewidmet war:

> Jacques F. ist hier, sein Stipendium ist geregelt.

Es ist sicher, dass Cartan ihn nach Neuigkeiten von Feldbau gefragt hatte, denn er notierte mit Bleistift auf dem Brief vom 14. Dezember: "nach Neuigkeiten von *Feldbau* fragen". Wahrscheinlich war Feldbau noch nicht in Clermont-Ferrand, als Dieudonné den vorangehenden Brief schrieb. Am 21. Mai 1941 ist noch einmal die Rede vom Stipendium:

> [...] ich denke, die Bescheinigung für Go. ist angekommen, ich habe aber gestern keine Gelegenheit gehabt, sie anzusehen. Ich werde mich bei meiner nächsten Reise nach Clermont ihrer versichern.[51] Laurent und Jacques F. haben ihr Gesuch an das Ministerium gesandt. Bei der Unordnung, die dort herrscht, verständige Val.,[52] dass die Bewerbungsunterlagen möglicherweise nicht vor der Beratung in Paris angekommen sind.

Der Briefwechsel Dieudonné–Cartan enthüllt uns bislang unbekannte Details, die mit der Note vom 1. Dezember 1941 zusammenhängen. Dieudonné war es, der die

[50] Unglücklicherweise hat Cartan, der keinen einzigen Brief wegwarf, deren Umschläge nicht aufbewahrt. Dieser Briefwechsel, der mit diversen Sendungen einher ging, durchlief möglicherweise das Ministerium: wir dürfen nicht vergessen, dass man „normalerweise" von einer Zone in die andere nur mit Interzonenkarten korrespondieren durfte und dass sich Dieudonné in Clermont und Cartan in Paris in unterschiedlichen Zonen befanden.

[51] Dieudonné wohnte 70 km entfernt von Clermont in Brioude und fuhr nicht täglich nach Clermont.

[52] „Go." bedeutet Gorny, von dem unten die Rede sein wird, „Laurent" ist Schwartz, wir wissen, wer „Jacques F." ist, „Val." bedeutet zweifellos Valiron, der Mitglied einer Kommission, welche Stipendien vergab, gewesen sein müsste.

Note Élie Cartan via Henri Cartan zukommen ließ. Am 20. Oktober schrieb er an den letzteren:

> [...] Anbei eine Note von Charles und Feldbau für die C.R. [...]

Wir haben gesehen, dass die Note in der Sitzung vom 27. Oktober vorgelegt wurde. Am 10. November schrieb Dieudonné bezüglich dieser Note:

> [...] Ich habe Charles wegen seiner Note informiert, habe aber noch keine Antwort von ihm [...]

Das belegt, dass die Entscheidung über Art und Weise der Publikation (Verschwinden des Namens Feldbau) getroffen wurde, nachdem die Autoren (zumindest Ehresmann) einbezogen wurden.

★

Clermont-Ferrand war – unabhängig von der Anwesenheit der Universität Strasbourg und damit einiger Mitglieder – ein Stützpunkt von Bourbaki: Der allererste „Kongress" von Bourbaki wurde 1935 in Besse-en-Chandesse in Räumlichkeiten abgehalten, die der Universität Clermont-Ferrand (vergleiche [94]) gehörten. Yvonne Lévy hat mir von den Professoren erzählt, mit denen sie in der höheren Analysis in Clermont-Ferrand die moderne Mathematik gelernt hat: Ehresmann (Mitglied von Bourbaki) und Lichnerowicz[53], der Bourbaki nicht angehörte. Die drei Doktoranden[54], von denen Schwartz in [81] berichtet, waren Feldbau, Gorny (von dem gleich die Rede sein wird) und Schwartz selbst. Schwartz hat übrigens seine Dissertation in Clermont verteidigt. Georges Reeb, den Schwartz nicht erwähnt, war ebenfalls Student in Clermont, vielleicht aber noch kein Doktorand (er wurde 1920 geboren). Reebs erste Note in den „Comptes rendus", die er zusammen mit Ehresmann schrieb, datiert auf das Jahr 1944.

Ayzyk Gorny

Der 1908 geborene Ayzyk Gorny war ein Mathematiker polnischer Abstammung und Schüler von Szolem Mandelbrojt. Er lebte seit 1926 in Frankreich mit wenigen

[53] Yvonne Lévy hat mir insbesondere von der bemerkenswerten Weise berichtet, in der ihr Ehresmann geholfen hat. Sie hat mir auch von den Vorlesungen von André Weil erzählt, wobei ich davon ausgehe, dass sie diese nicht persönlich gehört hat: In Strasbourg war sie hierzu noch zu jung, in Clermont-Ferrand (wo Weil nicht unterrichtet hat) kam sie erst nach seiner Abreise an. Bestimmt hat sie aber Berichte anderer Studenten über Weils Vorlesungen gehört. Diese waren sehr schwierig, er „war für die Studenten unverständlich", niemand bekam den Schein in höherer Analysis.

[54] Unter den Mathematikstudenten in Clermont befand sich auch Jean Nordon, der 1939 in die ENS aufgenommen wurde. Aus einem Kriegsgefangenenlager nahe Sarrebourg entkommen, durfte er wegen des Judenstatuts nicht mehr an der ENS studieren. Er schrieb bei Ehresmann eine Arbeit. 1945 wurde er „Agrégé" und später mein Mathematiklehrer in der Vorbereitungsklasse am Gymnasium Condorcet in Paris.

Mitteln. Hiervon zeugt ein Brief, den Mandelbrojt am 24. November 1936 an Élie Cartan schrieb, um für Gorny um ein Stipendium zu bitten[55]:

> Dieser junge Mann ist mathematisch sehr begabt. Er arbeitet viel und ich hoffe, dass er bald eine interessante Abhandlung veröffentlichen wird (über quasi-analytische Funktionen). Er ist sehr arm. Da ich ihn seit 10 Jahren kenne und von seiner Zukunft überzeugt bin, erlaube ich mir, um ein kleines Stipendium für ihn zu bitten. 5 000 Francs im Jahr würden genügen. Darf man hoffen, dass die „Caisse des sciences“[56] diese Summe geben wird? Ich habe das Wichtigste vergessen: Gorny ist Ausländer. Er wurde in Kawiewiec am 7. VII. 1908 geboren. Aber er lebt seit 10 Jahren in Frankreich. Darf ich Sie bitten, zu seinen Gunsten zu intervenieren?

Gorny hatte seine Dissertation am 28. Februar 1940 in Paris verteidigt; diese wurde als Artikel [44] schon 1939 veröffentlicht, wobei insbesondere die Resultate aus zwei vorangegangenen Noten in den „Comptes rendus“ wieder aufgegriffen werden. Man kann seine Spur ein Stück weit im Briefwechsel von Henri Cartan verfolgen. In einem Brief von Dieudonné an Cartan vom 29. Januar 1941, aus dem wir bereits eine Passage zitiert haben, heißt es

> [...] Go. wartet auf sein Visum, um in die UdSSR zu reisen, wo Bernstein ihm eine Stelle angeboten hat. Es sieht aber so aus, als müsse er darauf ein Jahr warten!

Ein wenig später, am 15. Mai 1941, erwähnt Dieudonné eine Bescheinigung (für Gorny), die angekommen sei. Er schreibt dann am 10. Oktober:

> De Possel hat erfahren, dass Gorny aus unbekannten Gründen seit einem Monat in einem Konzentrationslager gefangen gehalten wird. Vielleicht geht es darum, dass er kein regelmäßiges Einkommen besitzt. De Possel meint, dass es ihm helfen könnte, aus dem Lager zu kommen, wenn man ihm eine Zuwendung (selbst eine geringfügige) aus der „Caisse des sciences“ beschaffen würde. Kannst Du etwas in diesem Sinn versuchen?

Man beachte die Naivität dieser Erklärung. Ayzyk Gorny wurde als ausländischer Jude im Transport 37 am 25. September 1942 nach Auschwitz deportiert (vergleiche [27]). Er starb in der Deportation.

Die Freunde

In dieser Zeit traf Jacques Feldbau zwei Personen, mit denen ich noch sprechen konnte: die Mathematikstudentin Yvonne Lévy, die damals Yvonne Picard hieß und später Pierre Lévy heiratete, und Simone Weiller, die zum Zeitpunkt, als sie Jacques Feldbau kennenlernte, noch nicht studierte. Später belegte sie Deutsch an der Universität. Die Letztere erzählte mir:

> Es gab eine Gruppe jüdischer Studenten. Wir trafen uns in einer Art von koscherer „Mensa“,[57] wir trafen uns in der Rabbinerschule von Paris (die nach Chamalières verlegt worden war)

[55] Nachlass Cartan.

[56] Kurzform für: „Caisse nationale de la recherche scientifique“, Vorgängerorganisation des CNRS.

[57] Die „Association générale des étudiants“ hatte mit Unterstützung der „Secours national“ in Clermont fünf oder sechs Mensen eröffnet, vergleiche [68, S. 7] (ich weiß aber nicht, ob auch die koschere Mensa hier berücksichtigt wurde).

> und wir besuchten die sehr kleine Synagoge in der Rue des Quatre-passeports. Jacques Feldbau spielte Klavier. Hierzu musste er an die Universität gehen (da er in Clermont keine eigenes Klavier hatte) und seine Freunde kamen, um ihm zuzuhören.

Mit seiner Gruppe unternahm Feldbau lange Fahrradtouren in die Berge, die gelegentlich auch genutzt wurden, um Nahrung (vor allem Käse) zu besorgen. Ich gebe hier drei Fotos wieder, von denen mir Simone Weiller Abzüge gegeben hat. Eines (Abb. 2.10) davon zeigt die jungen Leute an der Landstraße nach Saint-Nectaire, wie man auf dem Kilometerstein erkennen kann, um den herum sie sich aufgestellt haben.

Auf diesen Fotos sieht man Jacques Feldbau einmal in einem Baum (Abb. 2.9), links auf dem Foto mit dem Kilometerstein und vor uns rechts auf dem Foto mit dem Picknick (Abb. 2.8). Seine Schwester Jeannette hält sich mit beiden Armen an einem Ast fest (auf dem Foto mit dem Baum), sie ist die zweite sitzende Person von links auf der Fotografie mit dem Kilometerstein.

Auf dem Foto mit dem Baum sieht man links Yvonne Picard-Lévy; Simone Weiller ist im Vordergrund des Fotos mit dem Picknick an der gestreiften Bluse zu erkennen. Von denjenigen Freunden, die ich noch nicht genannt habe, die aber noch in unserem Text auftreten werden, sind Andrée Berg-Bloch und Madeleine Wurm ganz links beziehungsweise ganz rechts auf dem Foto mit dem Picknick zu sehen.

Wie diese Bilder zeigen, haben diese jungen Leute miteinander Momente großen Glücks geteilt. Das schreibt auch Madeleine Wurm, die Autorin von [96]. Sie zitiert zwei andere Teilnehmerinnen, Hélène Geismar-Sinay

> Das war für uns heranwachsende Flüchtlinge eine Zeit, die zugleich wundervoll und schrecklich war: wundervoll, weil wir zwanzig Jahre oder jünger waren und Freundschaften, manchmal echte Liebesbeziehungen, besiegelten in dieser uns unbekannten Auvergne, in der wir fast immer auf Sympathie und selbstloses Engagement trafen; schrecklich, weil wir intensive und manchmal irreparable Dramen dort durchlebten.

und Andrée Berg-Bloch, die die Auvergne

> das Land [nennt], das ich, selbst heute noch, als das schönste der Erde empfinde.

Mehrere dieser jungen Leute sind in der Deportation gestorben. Das gilt insbesondere für Madeleine Lévy-Meiss, die man neben Simone Weiller auf dem

Abb. 2.8 Ein Picknick

Abb. 2.9 Jacques Feldbau in einem Baum

Picknickfoto sieht und die mit ihrem Vater, ihrer Mutter, ihrem Bruder und ihren beiden Schwestern verschollen ist – eine einzige ihrer Schwestern entging der Deportation.

Abb. 2.10 Foto am Kilometerstein

Zusammen mit Simone Weiller besuchte Jacques Feldbau an der Universität eine Vorlesung über die Geschichte des Elsass. In der Abb. 2.11 sind einige Zeilen der Mitschrift zu sehen, die Jacques Feldbau während dieser Vorlesung anfertigte.[58]

Niemand konnte mir sagen, ob Jacques Feldbau an einem Seminar oder einer Vorlesung von Jean Cavaillès teilgenommen hat. Cavaillès weilte in seiner Eigen-

[58] Text der Mitschrift: „4. 2. 1942 Die Kunst des Elsass im Mittelalter – keine wirkliche Originalität, partizipiert aber sowohl an der Kunst französischen als auch deutschen Ursprungs – Kunst der Kombination – Vorrang der religiösen Kunst: Kirchen. Aber auch militärische Architektur (Festungen), zivile (Rathäuser etc.) – die Architektur (und die Skulptur) sind vorherrschend – die Malerei ist stark lokalisiert in Zeit und Raum (z. B. Colmar Ende 16. Jahrhundert)“

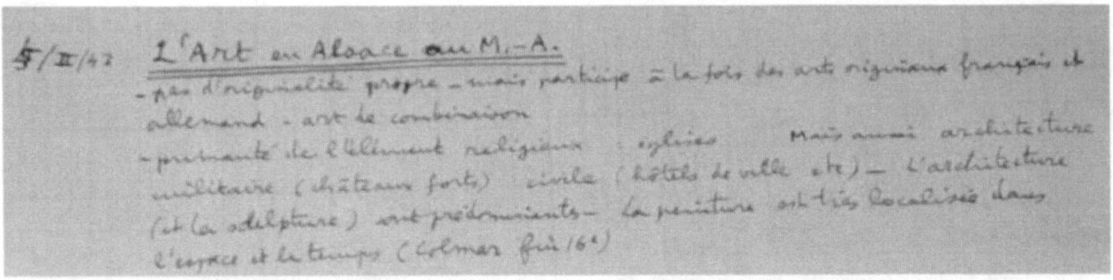

5/II/42 L'Art en Alsace au M.-A.
- pas d'originalité propre – mais participe à la fois des arts originaux français et allemand – art de combinaison
- prédominance de l'élément religieux : églises mais aussi architecture militaire (châteaux forts) civile (hôtels de ville etc) – L'architecture (et la sculpture) sont prédominantes – la peinture est très localisée dans l'espace et le temps (Colmar fin 16e)

Abb. 2.11 Eine Vorlesung über die Geschichte des Elsass, Mitschrift von Jacques Feldbau

schaft als Professor der Universität Strasbourg während des akademischen Jahres 1940–41 in Clermont. Es ist aber keineswegs unwahrscheinlich, dass Feldbau das getan hat: Ehresmann und Cavaillès waren immerhin so gut bekannt miteinander, dass Ehresmann zusammen mit Georges Canguilhem das letzte, im Gefängnis[59] geschriebene Werk von Cavaillès herausgab.

„Jacques Feldbau war sehr dynamisch", erzählt mir Simone Weiller, um hinzuzufügen: „Eine seiner Qualitäten war die Bescheidenheit." Damit bestätigt sie eine Einschätzung von Georges Cerf, die dieser in [20] äußert. Da ich damals noch kein Portrait von Jacques Feldbau gesehen hatte, bat ich Pierre und Yvonne Lévy um eine Beschreibung. Sie antworteten mir:

> Er war sehr sportlich, sehr groß und sehr hübsch.

Und Marie-Hélène Schwartz schwärmte (August 2007):

> Ein so schöner Junge ...

Diese Einschätzung hat mir auch Joëlle Debré bestätigt, die ihren Onkel nicht gekannt hat, aber viel über ihn von ihrer Mutter gehört hat. Weiter berichtete sie:

> Alles war für ihn mühelos. Er sprach mehrere Sprachen, er war ein Mann von großer Intelligenz und Menschlichkeit. Er hatte auch ungeheuer viel Humor.

Sie hat mir berichtet, dass sie noch einige kleine humoristische Zeichnungen von Jacques Feldbau besitze. Yvonne Lévy erzählte mir auch:

> Er war Flieger und er sagte: „Ihr wisst nicht, wie schrecklich es ist, wenn man den Befehl zum Bombardieren bekommt."

Dann ergänzte sie, dass Feldbau gesagt habe: „Ich brauche keine falschen Papiere, denn ich schreibe Artikel unter dem Namen Laboureur."

Jacques Laboureur

Tatsächlich hat Jacques Feldbau, wie wir bereits gesehen haben, nach der Note [34] in den „Comptes Rendus", aus der sein Name verschwunden ist, noch eine Mittei-

[59] Der Wissenschaftstheoretiker Jean Cavaillès wurde 1943 wegen Zugehörigkeit zur Résistance verhaftet und am 17. Februar 1944 erschossen.

lung bei der „Société mathématique de France" unter dem Namen Laboureur [56] im April 1942 veröffentlicht; eine weitere folgte am 21. Januar 1943. Es ist gesichert, dass Jacques Feldbau Separatdrucke von [56] erhalten hat, da er Exemplare davon an einige seiner Freunde verteilte. Dagegen ist anzunehmen, dass er die Separata von [57] niemals bekam, denn dieses Manuskript wurde an das „Bulletin" der SMF erst Ende Januar oder Anfang Februar 1943 geschickt. Das dürfte zu spät gewesen sein, um einen Druck des Artikels vor Juni zu ermöglichen. Wir besitzen Postkarten von Charles Ehresmann an Henri Cartan, welche sich auf die Mitteilung vom 21. Januar und den zugehörigen Artikel beziehen. Die erste stammt vom 21. Januar 1943:

> Feldbau hat einen Vortrag bei einem Treffen der Soc. Math. über die Gruppe der Automorphismen der S^n gehalten. Ein interessantes und sicher noch nicht veröffentlichtes Ergebnis. Er wird für mich eine Zusammenfassung schreiben, die ich Dir ebenfalls nächste Woche schicken werde.

Am 22. Februar 1943 heißt es:

> Clermont-Ferrand, Montag[60]
>
> Mein lieber Freund – ich hoffe, Du hast den Artikel von Feldbau über die Gruppe der Automorphismen der S^n erhalten; ich habe ihn Dir vor drei Wochen geschickt und ich finde ihn sehr interessant [er spricht von seinen eigenen Ergebnissen]. Bist Du auf dem Laufenden bezüglich der privaten Stipendien, die anscheinend von Houtel [?] abhängen? Wenn Du es für sinnvoll hälst, könntest Du ihn auf diese Angelegenheit bezüglich Feldbau ansprechen? Ich könnte eventuell ein Gutachten schicken.

Jacques „Laboureur" hat sogar noch einen dritten Vortrag bei der SMF gehalten, wie wir aus einem weiteren Brief von Ehresmann an Cartan vom 24. Juni 1943 erfahren:

> Jacques Laboureur wird Dir in diesen Tagen eine Zusammenfassung seines letzten Vortrags bei der Société Math. schicken. Er hat noch weitere interessante Resultate gefunden, sodass seine Dissertation so gut wie fertig ist. Er wird diese während der kommenden Ferien schreiben und ich denke, er wird sie bei Semesterbeginn verteidigen können.[61]

Wir werden sehen, warum dieser dritte Vortrag niemals veröffentlicht wurde.

⋆

Jacques Feldbau ließ sich zweifellos

> durch die falsche Sicherheit, welche die Versprechen und die Nähe von Vichy vermittelten, täuschen [20].

Nach vergeblichen Bemühungen, nach England oder Spanien auszureisen, wohnte Jacques Feldbau ab November 1942 in der „Gallia", einem sich in der Rue de Rabanesse Nr. 14 befindlichen Wohnblock, der den nach Clermont verlegten Straßburger Studenten als Wohnheim diente und nach seinem Straßburger Pendant „Gallia" genannt wurde.[62]

---

[60] Der Poststempel stammt vom 22. Februar 1943, der tatsächlich ein Montag gewesen ist.

[61] Die genannten Briefe finden sich im Nachlass von Henri Cartan.

[62] Für die Leser, die nicht aus Strasbourg stammen: Bei der Straßburger „Gallia" handelt es sich ebenfalls einen massiven, 1885 von einer Versicherungsgesellschaft – diesmal einer deutschen,

Während der Zeit, die Jacques Feldbau in Clermont verbrachte (Ende 1940 bis Juni 1943), veränderte sich die Haltung des „État français" (d. h. des Vichy-Regimes) gegenüber den Juden: Er ging von der Logik des Ausschlusses zu derjenigen der Vernichtung über, wie der Historiker Denis Peschanski in der Einführung von [77] erklärt.

2.6 Die Razzia

Hier eine erste Tatsache, welche mir Yvonne Lévy berichtet hat:

> Ich befand mich 1942–43 in Clermont-Ferrand, wohin die Universität von Strasbourg verlegt worden war. Am 13. Juni 1943[63] wollten Simone Weiller und ich Jacques auf der Place de Jaude, dem Platz im Zentrum von Clermont-Ferrand, unter dem Schwanz des Pferdes von Vercingétorix treffen. Er ist niemals erschienen. Jacques wurde zuvor im Zuge der Razzia in der „Gallia" verhaftet.

Am 24. Juni 1943 waren in Clermont-Ferrand zwei Agenten der Gestapo erschossen worden. Schlimmste Repressalien ließen nicht lange auf sich warten. Wir erinnern daran, dass seit dem 11. November 1942 die Unterscheidung zwischen freier und besetzter Zone hinfällig war. Clermont-Ferrand war, wie die gesamte freie Zone, von deutschen Truppen besetzt worden. Aus deutscher Sicht war die Existenz in Clermont-Ferrand von etwas, das sich „Universität von Strasbourg" nannte, seit langem ein Ärgernis (hatten doch die Deutschen in Strasbourg ihre „Reichsuniversität" errichtet). Insbesondere verlangte man von deutscher Seite die Rückkehr der Bibliotheken (vergleiche [86]) sowie aller Elsässer, die ja Bürger des Reichs zu sein hätten, sprich Soldaten der Wehrmacht (in diese wurden die Elsässer seit August 1942 eingezogen). Zu diesen Repressalien gehörte auch die Razzia in der „Gallia".

Jacques Feldbau hatte beschlossen, das Studentenwohnheim zu verlassen und im Untergrund zu leben[64]:

> Die meisten seiner Bücher sind in Sicherheit bei einem Freund auf dem Land [20]

(es handelt sich hierbei ohne Zweifel um den Freund „am Ufer des Sioule", an den sich Simone Weiller erinnert). Feldbau hat also die Nacht nicht im Wohnheim in der Rue de Rabanesse verbracht. Am frühen Morgen kehrte er aber dorthin zurück, um ein Manuskript, das in seine Dissertation einfließen sollte, zu holen. Vielleicht ging es um den Text des Vortrags, von dem Ehresmann am selben Tag in seinem oben zitierten Brief sprach.[65] So nahm das Unheil seinen Lauf.

„Germania" genannt – Wohnblock, der seit 1928 unter dem Namen „Gallia" (!) als Studentenwohnheim diente. Es liegt der ESCA gegenüber und ist auf dem Foto (Abb. 2.4 in Abschn. 2.3), welches auf einem Balkon der ESCA aufgenommen wurde, im Hintergrund zu erkennen.

[63] Diese Geschichte hat sich in Wirklichkeit am 25. Juni 1943 abgespielt, die Razzia fand in der Nacht vom 24. auf den 25. Juni 1943 statt.

[64] Offensichtlich wusste Ehresmann nichts von dieser Entscheidung, jedenfalls wenn man seinem Brief vom 24. Juni glaubt.

[65] Niemand konnte mir sagen, von wo Ehresmann den Text bekam, den er als posthumen Artikel von Feldbau [39] publizierte. Auf dem Hintergrund dieses Briefes ist es wahrscheinlich, dass es der

Albert Bronner [14] erinnert sich in dem Buch [45]:

> Um 1 Uhr 45 zwangen etwa 60 Soldaten der Wehrmacht sowie Polizisten in Zivil der deutschen geheimen Staatspolizei den Hauswart Bour die Tür öffnen; sie weckten den Direktor, Herrn Durepaire, und traten die Türen der Zimmer – sowohl der bewohnten als auch der unbewohnten – ein. [...] Wir standen aneinander gereiht an einer Wand, die Arme hinter dem Nacken. Die Agenten der Gestapo stellten rasch unsere Identität fest, wobei sie unsere jüdischen Kameraden mit sarkastischen Bemerkungen bedachten. Wir waren 36 [...] Am Morgen des 25. stießen noch zu uns [...] der „Agrégé“ in Mathematik Jacques Feldbau und der Student der Geisteswissenschaften Georges Schmidt [...].[66] Diese beiden Unglücklichen, die nichts von den Festnahmen wussten, waren gegen 8 Uhr gekommen, um Freunde in der „Gallia“ zu besuchen. Sie wurden von den Wachen aufgegriffen. So waren wir 38 an der Zahl.

Von diesen achtunddreißig kehrten zehn nicht zurück.

Trotz der drohenden Gefahren begab sich Jeannette Feldbau, die ihrem Bruder tief verbunden war, zur Gestapo, um ihn frei zu bekommen. Dies hat mir ihre Tochter Joëlle Debré berichtet.

2.7 Von der „Gallia“ nach Drancy ...

Feldbau und seine Kameraden wurden also als elsässische Studenten verhaftet und nicht als Mitglieder der Résistance. Einer dieser Kameraden, Paul Hagenmuller, berichtet [47, S. 2] von den kurzen Verhören, denen die Opfer der Razzia im Militärgefängnis des „92.“ (gemeint ist die Kaserne des 92. Infanterieregiments, die in ein Militärgefängnis umgewandelt worden war) unterzogen wurden:

> Die Frage nach der Zugehörigkeit zur Résistance wurde noch nicht einmal gestreift.

Die nachfolgenden zweiundzwanzig Monate verlebte Jacques Feldbau als todgeweihter Jude. Sein Schicksal nahm sehr schnell seinen Lauf [47, S. 3]:

> Am Nachmittag wurden wir in zwei Gruppen geteilt. Die „Arier“ durften im Schatten bleiben während die Juden aufrecht in der Sonne stehen mussten, „um sich an das Klima Palästinas zu gewöhnen, wohin sie Deutschland zurück schicken werde.“ Am Abend mussten die Israeliten noch lange Zeit aufrecht bleiben; sie wurden von den Soldaten geohrfeigt und geschlagen. Die anderen Kameraden dagegen durften sich zum Schlafen hinlegen. Das war übrigens nur ein relativer Vorteil, da der Boden das Bett war und es keine Decken gab.

Alle Festgenommenen wurden in das Gefängnis la Malcoiffée in Moulins gebracht, wo sie bis Mitte Juli drei Wochen blieben. Im Gefängnis in Moulins beteiligte sich Jacques Feldbau an einer Art Volksuniversität, die Robert Waitz organisierte. Er sprach über Astronomie, mathematische Spiele und Topologie:

> Er verstand es in bewundernswerter Weise, sich seinen vielfältigen Zuhörern verständlich zu machen und sie für schwierige Fragen zu interessieren [20].

Inhalt dieses Texts war, von dem Ehresmann am 24. Juni ankündigte, ihn an Cartan zu schicken: Feldbau hielt seinen Vortrag bei der SMF, redigiert diesen Text, vor der Abreise (?) kommt er, um ihn zu holen, vielleicht um ihn tatsächlich an Cartan zu schicken und landet in der Falle.

[66] Georges Schmidt, Freund von Jacques Feldbau und Albert Bronner, der hier als Student der Geisteswissenschaften bezeichnet wird, war genauer gesagt Linguist ... und ungewöhnlich vielsprachig, wie mir meine Gesprächspartner versicherten. Er hat übrigens die Deportation überlebt.

Robert Waitz

An dieser Stelle möchte ich ein paar Worte zu Robert Waitz sagen, der schon mehrfach erwähnt wurde und den wir noch öfter antreffen werden. Waitz war Hämatologe, Professor der Medizin an der Universität Strasbourg und Mitglied der Résistance (Gebietsleiter der „Franc-Tireur" in der Auvergne [84, S. 317]). Als solcher wurde er verhaftet, und aus diesem Grunde befand sich Waitz zur gleichen Zeit in Moulins wie die Verhafteten der „Gallia". Waitz arbeitete als Arzt im Krankenrevier von Monowitz und ist Autor des bemerkenswerten Artikels [92]. Beim Nürnberger Prozess hat Waitz ausgesagt. Er war auch der Arzt (und ein Freund) von Georges Cerf und seiner Familie. Wahrscheinlich geht ein großer Teil des Berichts, den Georges Cerf geschrieben hat [20], insbesondere das, was das Konzentrationslager anbelangt, auf Informationen zurück, die ihm Robert Waitz geliefert hat.

In Moulins wurden die Verhafteten sortiert: Diejenigen unter ihnen, die nicht jüdisch waren, fanden sich in Buchenwald wieder, wohin sie über Compiègne gelangten; diejenigen, die Juden waren – darunter Jacques Feldbau – wurden nach Drancy[67] geschickt. Georges Cerf schildert in [20] Erdarbeiten, zu denen Jacques Feldbau herangezogen wurde. Er berichtet auch davon, dass Feldbau aus seiner inbrünstigen Religiosität heraus die Feierlichkeiten zum Beginn des neuen jüdischen Jahres in Drancy begangen habe. Mehr Informationen habe ich nicht gefunden.

2.8 … und nach Auschwitz

Am 7. Oktober, dem Tag der Abfahrt nach Auschwitz, schrieb Jacques Feldbau an Henri Cartan einen Brief[68], dessen Inhalt ich gemäß [20] hier wiedergebe:

> Lieber Herr,
>
> In diesem Augenblick, in dem eine lange Reise ins Ungewisse beginnt, sende ich Ihnen meine besten Wünsche mit der Bitte, meine Eltern zu benachrichtigen.
>
> Körperlich befinde ich mich in einem guten Zustand und – was noch wichtiger ist – im Besitz einer soliden Moral. Ich hoffe, dass all diese Prüfungen bald ihr Ende finden werden und dass ich bei guter Gesundheit meine Eltern, meine Professoren und meine Kameraden wiedersehen werde
>
> Hochachtungsvoll Jacques Laboureur

Feldbau verlässt im Transport 60 Paris-Bobigny in Richtung Auschwitz, mit ihm 564 Männer und 436 Frauen (darunter 108 Kinder und Jugendliche jünger als achtzehn Jahre). Die Tötungsmaschinerie verlangt nach tausend Opfern und die schändliche Verwaltung liefert in ihrer manischen und pedantischen Art tausend Menschen.

[67] Für Informationen bezüglich des Lagers in Drancy verweise ich auf die Berichte in [77].

[68] Ich weiß weder, wie dieser Brief abgeschickt wurde, noch, wie er angekommen ist. Sicher ist, dass Jacques Feldbau – wie andere Deportierte auch – aus dem Zug, der ihn nach Auschwitz brachte, mindestens eine kurze Nachricht werfen konnte, die ihre Bestimmung erreichte.

Tausend Menschen, von denen einunddreißig zurückgekommen sind (vergleiche beispielsweise [20] oder die von Serge Klarsfeld erstellten Transportlisten [54], welche als Anhang in [77] wieder abgedruckt worden sind). Über die Fahrten in die Lager gibt es viele Berichte. Es folgt hier der Bericht von Robert Francès, der seinerzeit Student der Philosophie gewesen ist und als Mitglied der Résistance verhaftet wurde. Francès befand sich ebenfalls in dem Transport Nummer 60; er wurde einer der Freunde von Jacques Feldbau [41]:

> Die Reise nach Osten geschah in Güterwaggons (oder in Viehwaggons); diese waren vollständig abgeschlossen mit Ausnahme einer vergitterten Öffnung in einer Ecke. Durch diese bekamen wir, wenn wir uns auf die Zehenspitzen stellten, ein wenig frische Luft und konnten die Landschaft erkennen, durch die wir fuhren. In einem derartigen Waggon befanden sich zwischen fünfzig und achtzig Personen, sodass wir die Möglichkeit hatten, uns zu setzen und uns miteinander zu verständigen.

Robert Waitz, der sich im selben Transport befand, schreibt [92, S. 468]:

> In jedem Waggon gab es ein oder zwei Eimer mit Wasser und einen Toiletteneimer; achtzig bis hundert Personen waren darin zusammengepfercht mit ausreichender Wegzehrung.
>
> [...]
>
> Nach einer Reise, die drei Tagen und drei Nächte dauerte, hielt der Zug am 10. Oktober 1943 gegen 3 Uhr morgens an einem Bahnsteig, wo er bis zum Morgengrauen stehen blieb.

Anschließend wurden am 10. Oktober dreihundertvierzig Menschen, darunter Jacques Feldbau, auf Lastwagen zum Lager Auschwitz-Monowitz gefahren; vierhunderteinundneunzig ihrer Weggefährten wurden sofort ins Gas geschickt. Monowitz war das Lager Auschwitz-III, es lag sieben Kilometer vom Hauptlager Auschwitz entfernt; in diesem Lager arbeiteten die Häftlinge für die Bunawerke der IG Farben (vergleiche die Bücher von Primo Levi, insbesondere [60, 61], und den Artikel von Robert Waitz [92]), die künstlichen Kautschuk herstellten – die IG Farben zahlten für die Arbeit der Häftlinge einen gewissen Betrag an die SS.

Feldbau wurde einem sehr harten Transportkommando zugeteilt. Es gelang jedoch Robert Waitz ihn als Sekretär in den chirurgischen Block des Krankenreviers zu holen, wie wir aus den Berichten von Laurent Schwartz und von Henri Cartan wissen.

> Von morgens bis abends saß er an einem kleinen Tisch am Eingang des Krankenreviers. Der Papierkrieg war beachtlich. Unter den Karteikarten und Formularen, die er sorgfältig ausfüllte, lagen seine mathematischen Aufzeichnungen, denn Feldbau forschte weiterhin. Abends half er in der chirurgischen Ambulanz als Krankenpfleger. Feldbau hat stets die Medizin geliebt. Vielleicht wollte er sich nach Beendigung seiner Dissertation der Medizin widmen.[69] Da er mehrere Sprachen beherrschte, konnte er sich mit jedermann verständigen; er war allseits beliebt. Die Papiere der Verwaltung führte er vor allem deshalb so sorgfältig, weil er so der Untergrundorganisation, die Dr. Waitz[70] leitete, nützlich sein konnte. Diesem gelang es, die Ernährung der Allerelendsten etwas zu verbessern und – nicht ohne Risiko – die schreckliche Selektion zu überlisten. Zweifellos wurden auf die Weise viele Sträflinge gerettet [20].

[69] Simone Weiller hat mir bestätigt, dass Jacques Feldbau beabsichtigte, nach dem Krieg Medizin zu studieren.

[70] Bezüglich der Organisation der französischen Résistance in Monowitz vergleiche man [92, S. 497]. Die Karteikarte [37] sagt weiterhin:

Die Karteikarte [37] bestätigt:

> Robert Francès, Deportierter aus Frankreich mit der Häftlingsnummer 157034, bezeugt die Anwesenheit von Jacques Feldbau im Krankenrevier des Lagers Monowitz. Er half kranken Deportierten im Rahmen seiner Möglichkeiten. Robert Francès bestätigte weiterhin das Ausmaß an Verständnis und Menschlichkeit, das Jacques gegenüber allen, die sich hilfesuchend an ihn wandten, zeigte.

Jean Samuel hat uns erzählt,[71] dass er einmal mit einer Last von 70 kg auf dem Rücken (vielleicht handelte es sich um einen Sack Betaphenyl, von dem er in [79, S. 35] berichtet) ausgerutscht sei und sich dabei die Schulter ausgerenkt habe. Als er sich ins Krankenrevier begeben wollte, habe ihn Jacques Feldbau gewarnt, dass die Ärzte der SS am nächsten Morgen zu einer „Selektion“ angesagt seien. Samuel ist daraufhin gegangen.

Da ich die Novelle „Le Gitan“ in [62] gelesen habe, ging ich davon aus, dass Jacques Feldbau in Auschwitz keine Pakete empfangen konnte. Es ist aber sicher, dass man ihm Pakete schicken konnte und sogar, dass er diese bekam. Simone Weiller hat mir von Paketen erzählt, die seine Schwester Jeannette und seine Freunde, unter anderem Henri Cartan, an Jacques Feldbau in Drancy, später dann in Auschwitz sandten. Sie hat mir von einer Karte von Cartan vom Dezember 1944 berichtet, auf der letzterer mitteilte, dass er Ende Juli eine Karte von Feldbau bekommen habe, die dieser Ende Januar abgeschickt hatte und auf der dieser versicherte, dass die im Dezember 1943 abgesandten Pakete wohlbehalten bei ihm angekommen seien (vergleiche auch Kap. 3). Simone Weiller hat mir auch einen Brief von Robert Waitz vom September 1945 gezeigt, in dem dieser bestätigt, dass Feldbau zweimal ein Paket von Professor Cartan erhalten habe. Cartan hatte seine Pakete an die folgende Adresse geschickt:

J. Feldbau,
Arbeitslager Monowitz (O/S) [Oberschlesien], *Haus* 13.

Vergleiche hierzu auch Abschn. 3.1.

Joëlle Debré hat mir gesagt, dass Feldbau selbst in Auschwitz eine starke Stütze in seinem Glauben fand (hierbei handelt es sich zweifellos um den Bericht eines Deportierten, vielleicht Robert Waitz, welcher von Jeannette Feldbau wiedergegeben wurde). Georges Cerf [20] bestätigt dies, wenn er die Gebetsrollen erwähnt, die sich Feldbau in Monowitz besorgte, um seine Gebete aufsagen zu können.

> Ende 1943 organisierte Jacques Feldbau im Lager Monowitz die Sabotage der Arbeit für die IG Farben, um den deutschen Kriegsanstrengungen zu schaden.

Für diese Information habe ich sonst keinerlei Bestätigung gefunden.

[71] Ich habe Jean Samuel und seine Frau zusammen mit Jacques-Vivien Debré bei sich zu Hause am 9. Juni 2009 gesprochen. Vergleiche Abschn. 4.6.

Die Mathematik

Und daneben gab es noch die mathematischen Versammlungen am Sonntagnachmittag, die Schwartz erwähnt. Zusammen mit Deportierten von der „École polytechnique" leitete Feldbau diese Treffen. Simone Weiller hat mir einen Brief eines ehemaligen Gefangenen, Doktor Silber, vom September 1945 gezeigt, in dem dieser schreibt:

> Ich erinnere mich, dass er einen Vortrag über die Planckschen Quanten hielt.

Yvonne Lévy hat mir erzählt, dass sich Jacques Feldbau und Jean Samuel über Mathematik, genauer gesagt über elliptische Integrale, während der Fronarbeit in Auschwitz unterhielten. Diese Information hatte sie vermutlich von Jean Samuel. Dieser hat mir erzählt, dass es Jacques Feldbau durch Tauschhandel mit einem (nicht deportierten) deutschen Arbeiter gelungen war, zwei Mathematikbücher in das Konzentrationslager einzuschleusen (Samuel wusste nur noch, dass diese Bücher in deutsch geschrieben waren, aber er erinnerte sich nicht mehr an ihr Thema). Weiter berichtet Samuel, dass Feldbau aufgrund seiner Tätigkeit im Krankenrevier Zugang hatte zu solch seltenen Gütern wie Bleistiften und Papier (die Rückseiten von Bögen mit Fieberkurven). Jacques-Vivien Debré und mir hat Jean Samuel auch berichtet, dass Jacques Feldbau den Gefangenen mathematische Probleme vorstellte und dass er sich erinnerte, eines davon an einem Morgen auf dem Weg zur Arbeit zusammen mit Raymond Berr gelöst zu haben. Damit bestätigt er eine Behauptung eines Vortrags, den er im April 1985 in Colmar gehalten hat und der in [51] zitiert wird:

> Wir haben enorm viel Mathematik betrieben. Wir hatten Probleme, die wir morgens, wenn wir zur Arbeit in die Fabrik gingen, zu lösen versuchten, und abends bei der Rückkehr [...] Ohne diese Mathematik wäre ich wahrscheinlich nicht nach Frankreich zurückgekehrt. Ich wäre zweifellos den heimtückischen Hungerattacken zum Opfer gefallen. Dank dieser Probleme konnten wir unser augenblickliches Unglück größtenteils vergessen.

Anlässlich unseres Besuchs bei Jean Samuel fragte Jacques-Vivien Debré diesen, ob er sich daran erinnere, mit Feldbau über andere Themen als Mathematik gesprochen zu haben.

> Wir sprachen nicht von denen, die wir hinter uns gelassen hatten. Das war zu deprimierend. Noch darüber, was wir hinterher machen werden. Die Zukunft, das war „morgen Früh".

Einfacher ist es, an ein mathematisches Problem zu denken ...

2.9 Die Evakuierung und der Todesmarsch

Beim Herannahmen der Roten Armee im Januar 1945 beschlossen die Deutschen, die drei Lager in Auschwitz zu evakuieren. Nach den Angaben in [50] wurde der Plan für die Evakuierung von Auschwitz von Himmler anlässlich eines Besuchs im Konzentrationslager im Herbst 1944 ausgearbeitet. Die Evakuierung selbst wurde

Mitte Januar angeordnet. In seinem „Bekenntnis" spricht Höß von dieser Evakuierung als „Wahnsinn". Es ist weder klar, ob genaue Anordnungen gegeben wurden, noch – falls ja – ob diese befolgt wurden. Primo Levi schreibt in der Einleitung von [61]:[72]

> Die Kommandanten der SS und die Sicherheitskräfte gaben sich dann die größte Mühe, dass kein Zeuge überlebte. Das war der Sinn (man kann sich schwerlich einen anderen vorstellen) der mörderischen und offenkundig absurden Märsche, auf denen die Geschichte der Lager der Nazis in den ersten Monaten des Jahres 1945 ihr Ende fand. [...]

Hier ist gewiss nicht der Ort, um zu diskutieren, ob der Grund für die Evakuierung der Wunsch war, die Deportierten an einen anderen Ort zu bringen, wo man mit ihrer Ermordung fortfahren konnte, oder ob es darum ging, alle Zeugen dessen, was sich in Auschwitz abgespielt hatte, zu töten, wie Primo Levi meint. Levis Ansicht findet eine Stütze in der Tatsache, dass sich die SS bemühte, keine Spuren zu hinterlassen; so sprengte sie beispielsweise die Verbrennungsöfen der Krematorien in Auschwitz kurz vor dem Einrücken der Roten Armee in das Konzentrationslager. Wie auch immer, die „verhängnisvollen, abstoßenden und ihrem Wesen nach unbegreiflichen" Tatsachen sind gegeben: Diese offensichtlich absurden Verlegungen waren höchst mörderisch – sie töteten Tausende von Deportierten. Neben den Augenzeugenberichten, die hier zitiert wurden, und den Werken, aus denen diese entnommen wurden, vergleiche man auch die letzten Kapitel von [3].

Am 18. Januar wurde also Auschwitz evakuiert; die Deportierten wurden zu einem Marsch gen Westen angetrieben. Marc Klein, ein weiterer Straßburger Deportierter, berichtet in [55]:

> [...] Es wurden Nachtmärsche, zuerst auf Straßen, dann auf Wegen, manchmal quer durch Felder. Seit Beginn war der Marsch wegen des verschneiten und vereisten Geländes und auch wegen des unregelmäßigen Tempos der Kolonnen äußerst anstrengend [...] Wir gingen in Fünferreihen, auf zehn Leute kam ein SS-Mann. Nach zehn Kilometern begannen wir über Leichen zu stolpern, die auf der Straße verstreut lagen [...] Wer die Reihen verließ, wer langsamer wurde, ins Straucheln geriet oder zusammenbrach, wurde unbarmherzig durch einen Genickschuss getötet [...] Unzählige Kameraden stürzten und wurden ermordet.

Es folgt ein Teil des Berichts, den Jean Samuel in [76] von den ersten Tagen des Todesmarschs gegeben hat:

> Wir wurden in Holzschuhen auf die Straße geschickt bei zwanzig Zentimeter Schnee und −25°C. Wir hatten kaum Kleider, waren fast nur noch Skelette – wir wogen fünfunddreißig und vierzig Kilo. Und wir haben eine Heldentat vollbracht, an die ich immer noch nicht glauben kann: Wir sind am 18. Januar nachmittags aufgebrochen und marschierten in sechs Stunden bis zum Morgen des nachfolgenden Tages zweiundvierzig Kilometer. Ich marschierte zwischen meinem Onkel und einem jungen Mathematiker, mit dem ich über die Fermatsche Vermutung sprach. Wir hielten uns alle untergehakt; verließ jemand die Kolonne, so würde man zwei Minuten später Gewehrfeuer hören. Wir hinterließen Tausende, Zehntausende von Toten an den Straßen Oberschlesiens. Wir ruhten drei oder vier

[72] „Ist das ein Mensch?" [60] ist ein Augenzeugenbericht. Dies zumindest. Aber nicht nur dies. Der Schriftsteller, der „Die Untergegangenen und die Geretteten" [61] mit dem Untertitel „Vierzig Jahre nach Auschwitz" publizierte, hat dies nach vierzigjährigem Nachdenken niedergeschrieben. Über den Bericht hinaus bietet Levi auch ein Analyseschema an, um die Realität der Konzentrationslager zu fassen.

> Stunden aus, dann sind wir wieder aufgebrochen und legten bis zum Morgen des nächsten Tages weitere fünfundzwanzig Kilometer zurück. Das heißt, dass wir in weniger als achtundvierzig Stunden siebenundsechzig Kilometer zu Fuß marschiert waren. Ich glaube, es gibt keine physiologische oder medizinische Erklärung dafür, was der Mensch leisten kann.[73]
>
> Aber es gibt in jedem Menschen den Wunsch, zu leben, zu überleben, der, ohne bewusst zu sein, Dinge ermöglicht, die unmöglich, unglaublich erscheinen. Wir reisten fünf Tage und fünf Nächte mit hundertundzehn Personen stehend in offenen Waggons quer durch Oberschlesien und die Tschechoslowakei nach Buchenwald, wo wir am 26. Januar ankamen. Wir waren nur noch wenige, Tote befanden sich in den Waggons. Wir waren am 18. aufgebrochen ...

Jean Samuel hat uns versichert, dass der junge Mathematiker, von dem in dieser Unterhaltung die Rede gewesen ist, Jacques Feldbau war; vergleiche [79, S. 71]. Vielleicht waren Themen wie die Fermatsche Vermutung, die Avogadro-Zahl, die elliptischen Integrale, die italienische Poesie und alle anderen intellektuellen Aktivitäten unerlässlich für das Überleben des Menschen und der Menschlichkeit.[74]

⋆

Die Gruppe, in der sich Jean Samuel in dem Moment befand, als man die offenen Waggons bestieg, ist in Buchenwald angekommen.[75] Jean Samuel hat Jacques-Vivien Debré und mir erzählt, dass er während der ganzen Reise eine Vorlesung von Jacques Feldbau bei sich trug, dass aber bei der Ankunft in Buchenwald alle Kleider und aller Besitz der Evakuierten von Auschwitz verbrannt wurden (vergleiche auch [79, S. 73]). Dabei handelte es sich bestimmt um die von Schwartz erwähnte Vorlesung (vergleiche Abschn. 1.3, Teil ‚Erinnerungen von Laurent Schwartz').

Die Gruppe, in der sich Jacques Feldbau befand, erlitt ein anderes Schicksal. Robert Francès beschreibt in [41][76] die Reise von Monowitz über Gleiwitz nach

---

[73] In diesem Sinne äußerte sich auch Primo Levi in einem Gespräch, das in [59, S. 104] publiziert wurde:

> Derjenige, der sich allem anzupassen vermag, ist derjenige, der überlebt.

Damit wird die Bemerkung von Robert Waitz [92, S. 468] über die Deportierten bestätigt, die

> starben, weil sie sich an den Ablauf des neuen Lebens nicht anpassen konnten, das man ihnen aufzwang.

[74] Die Wissenschaft, die Poesie, ... Unter den Aktivitäten des intellektuellen Widerstands gegen die Entmenschlichung möchten wir das Buch [58] erwähnen, in welchem François Le Lionnais berichtet, wie er während der Appelle im Lager Dora Bilder rekonstruierte, die er früher einmal in Museen gesehen hatte.

[75] Als sich die Amerikaner Buchenwald näherten, wurde im April dieses Konzentrationslager ebenfalls evakuiert. Diese Evakuierung konnte dank eines gut organisierten Widerstands nur noch teilweise erfolgen, vgl. den Artikel [49] von Charles Hauter in [29]; die Deportierten in Buchenwald, die sich erfolgreich zur Wehr setzten, wurden am 11. April von den Amerikanern befreit.

[76] Dieses Buch besteht aus einem ersten, unmittelbar nach dem Krieg geschriebenen Teil, in dem Francès den Todesmarsch bis Ganacker erzählt, und einem Rest, der vierzig Jahre später niedergeschrieben wurde. Das Buch wurde ursprünglich mit dem Titel „Intact aux yeux du monde" (Intakt in den Augen der Welt) ca. 1966 veröffentlicht, 1997 dann als [41] wieder aufgelegt.

Nikolaï[77]. Dort verlor Jean Samuel Feldbau aus den Augen [79, S. 71]; in Nikolaï erkannte Francès „Jacques“ wieder:

> Der Konvoi verlangsamte sein Tempo [die Gefangenen gingen immer noch zu Fuß]. Wir vermischten uns. Ich verlor Jean-Paul[78] nicht für eine Minute aus den Augen. Plötzlich erkannte ich Jacques. Ich hätte ihn im Lager kennen können. Aber er war robust und zweifelsohne lebenstüchtig. Und er war Krankenpfleger im Konzentrationslager. Er musste in unsere Gruppe integriert werden. Ich sprach ihn an. Er war einverstanden. Wir verließen einander nicht mehr [41, S. 19].

Nach dem Marsch durch den Schnee kamen, wie Jean Samuel erwähnte, die offenen Waggons:

> Diejenigen, die nicht rechtzeitig die Waggons erreichten, die Erschöpftesten also, blieben am Bahnsteig und wurden dort getötet. Ich beeilte mich und verständigte Jean-Paul und Jacques. Schließlich langten wir am Zug an. Jacques kletterte als erster hinauf. Er war stark, entschlossen. Er zog mich auf den Waggon, dann halfen wir beide Jean-Paul hochzukommen. Wir wussten nicht, was uns erwartete, aber jedenfalls würden wir heute nicht mehr marschieren. Ich äußerte meine Befriedigung, Jacques bestätigte sie. Wir betrachteten unsere neue Unterkunft. Es handelte sich um einen geschlossenen Güterwaggon. Wenn ich mich auf die Zehenspitzen stellte, ragte mein Kopf über den Rand hinaus. Jacques, der größer war als ich, konnte mühelos hinaussehen. Jean-Paul war kleiner, wir mussten ihn hochheben. Aus einem unbestimmten Gefühl heraus, dies sei besser, hatten wir sofort eine Ecke besetzt. Mit dem Rücken zur Wand setzten wir uns. Die Zukunft stellte sich positiv dar. [41, S. 23]

Für eine genaue Beschreibung dieser mörderischen Reise verweise ich auf den vollständigen Text von Robert Francès. Die Erläuterungen von Marc Klein zum Einstieg in den Zug erklären das Wort „hochheben“ und bestätigen die Notwendigkeit, unter Freunden zu bleiben:

> [...] ein Zug erwartete uns. Er bestand aus offenen Kohlewaggons. Wir wurden hinauf gestoßen durch Stockschläge seitens der Wachposten der SS. Wer so etwas noch nie mitgemacht hat, kann nicht ermessen, wie hoch ein solcher Waggon ohne Fußtritte über dem Schotter ist. Wir befanden uns zum Glück unter Freunden; um am Leben zu bleiben, musste man bei Leuten bleiben, deren man sich in dieser neuen Marter, dem Transport auf offenen Waggons, sicher sein konnte [...] [55, S. 504].

Die offenen Waggons boten, wie uns Jean Samuel klar gemacht hat, zumindest einen Vorteil: Man konnte den Schnee trinken, der auf seine Nachbarn fiel.

Es folgen einige Hinweise zu dem Weg, die der Waggon nahm, in den Francès und Feldbau gestiegen waren:

> Eine Abfolge von verschneiten mit Fichten bedeckten Hügeln bot sich uns dar. Jacques meinte, diese seien für den Wintersport sehr gut geeignet. Ich erwiderte, dass ich nie wieder so etwas machen würde. [...]
>
> Wir wussten nicht, wo wir waren. Jacques behauptete, wir seien in die Tschechoslowakei hinein gefahren. Wir drei versuchten, unsere Geografiekenntnisse zu vereinen, um herauszufinden, was wohl das Ziel unserer Reise sei. Unter uns gab es Polen und Tschechen, die

[77] Stadt in Schlesien, heute Mikolów in Polen.

[78] Es geht, wie mir Simone Weiller bestätigte, um Jean-Paul Blum, den Georges Cerf auch in seinen Text [20] erwähnt. Blum war ein ehemaliges Mitglied der EIF in Strasbourg, so Hammel [48, S. 375].

> die Konzentrationslager der Gegend kannten. Die einen sprachen von Groß-Rosen,[79] die anderen von Mauthausen. Manchmal hielt der Zug für ein paar Stunden, einen halben Tag, eine ganze Nacht [41, S. 28–29].

Der Transport, in dem sich Robert Francès und Jacques Feldbau befanden, fuhr durch Prag, bog dann nach Norden ab und passierte Dresden, um Oranienburg zu erreichen (Oranienburg-Sachsenhausen liegt weit ab, ca. 40 Kilometer nördlich von Berlin; das 15 Kilometer von Linz an der Donau entfernte Mauthausen wäre in der Tat weniger unsinnig gewesen, aber wie wir wissen, waren diese Transporte nicht nur tödlich, sondern auch absurd). Allerdings war das Lager Oranienburg „belegt", weshalb sich der Transport nach Süden wandte. Insgesamt dauerte die Irrfahrt in den Waggons neun Tage (womit eigentlich jede Route möglich war), vergleiche [41]. Endlich langten die Deportierten in Flossenbürg (in Bayern, etwa 80 Kilometer östlich von Nürnberg), nahe der Grenze zum heutigen Tschechien an. Sie bleiben dort einige Wochen. Im März „eines kalten und windigen Frühlings" (ich zitiere immer noch [41]) brachen die Deportierten zu Fuß gen Westen auf. Bei diesem Marsch reparierten sie eine Rollbahn, die von den Amerikanern bombardiert worden war[80].

> Endlich hielten wir in Niederbayern an, wo wir nahe Ganacker ein neues Lager errichteten. Das war eine Notlösung [...] [41, S. 40].

Ganacker liegt bei Landshut, etwa 60 Kilometer östlich von Regensburg. Von Flossenbürg nach Ganacker sind es rund 130 Kilometer.

Wir sind im April 1945, der Krieg ist für Hitler verloren, die Russen haben Gleiwitz einige Stunden nach dem Aufbruch der Gefangenen befreit, die Amerikaner Buchenwald, und dennoch bauen die Deutschen neue Konzentrationslager (selbst wenn es sich um eine „Notlösung" handelte) wie das Zeltlager, in das Jean Samuel [79] gelangte. Dieses wurde am 24. April 1945 befreit. Der Krieg ist zwar verloren aber noch nicht beendet. Das bedeutete unglücklicherweise das Ende für Jacques Feldbau. Ich zitiere noch einmal [20]:

> In Ganacker war Jacques schon sehr geschwächt. Da er keine für seine Füße passenden Schuhe finden konnte, musste er ohne Schuhe marschieren. Er wurde wieder von Ödemen im Gesicht und an den Beinen befallen, die ihn vor allem beim Aufstehen beeinträchtigten. Aber die Moral war gut. Francès schreibt: „Wir haben darüber gelacht, als wir uns so abgemagert sahen. Wir waren so geschwächt, dass wir morgens nicht mehr alleine aufstehen konnten. Wir haben darüber so gelacht, weil wir sicher waren, rauszukommen."
>
> Ayache gelang es dank der Hilfe des tschechischen Lagerarztes Dr. Popper Jacques ins Krankenrevier zu verlegen, aus dem er gestärkt und optimistisch entlassen wurde. Aber die

---

[79] Die Gruppe, in der sich Marc Klein befand, wurde tatsächlich zuerst nach Groß-Rosen gebracht, bevor sie nach Buchenwald kam, vergleiche [55, S. 504].

[80] Die Karteikarte [37] enthält noch Informationen, die ich weder zeitlich gut einordnen noch bezüglich ihrer Glaubwürdigkeit gut beurteilen kann:

> Nach der Evakuierung gelangte er in das Lager Flossenbürg, wo er half, die Fabriken von Henkel [Vermutlich sollte dies Heinkel heißen.] zu sabotieren. Marcel Stourze und er wurden denunziert und in ein Straflager versetzt. Jacques Feldbau wurde nach Ebensee geschickt.

Ödeme kamen wieder. Am 21. April, einem Samstag, beklagte Jacques während der Arbeit auf einer Rollbahn mehrfach seine extreme Schwäche. J.P. Blum schreibt: „Wir waren alle extrem schwach; ich maß dem keine große Beachtung zu.“ Am Abend, als es zurück ins Lager ging, konnte Jacques nicht mehr laufen. Vier Kameraden trugen ihn ins Lager, wo er wegen Schwäche ins Krankenrevier kam.

Am Tag danach kam das Ende. Er konnte nicht mehr kämpfen. Ayache sah, wie er sich ausgestreckt auf einem Lager aus Astwerk ausruhte, ein ernüchterndes Lächeln gerann auf seinen Lippen. Vielleicht ein Lächeln des Abscheus angesichts dieses qualvollen Schicksals, aber zweifellos auch Ausdruck der Ruhe und der Hoffnung in einem Augenblick des hilflosen Ausgeliefertseins an das Leiden.[81]

Am 22. April 1945 starb Jacques Feldbau an Entkräftung im Konzentrationslager Ganacker, zwei Tage vor der Befreiung dieses Lagers und fünfzehn Tage vor Kriegsende.

Aus den Schleiern dieser Erinnerung entsteht ein immer noch intaktes oder beinahe intaktes Bild. Am Ende eines Arbeitstages, der mit dem Bau von Baracken erfüllt war, sahen wir an uns einen großen hingestreckten Körper auf einer improvisierten Totenbahre vorbeiziehen, der Kopf war der untergehenden Sonne zugewandt. Das war Jacques, ein Elsässer in unserem Alter, ehemaliger Medizinstudent in Strasbourg [Francès kannte Jacques Feldbau vom Krankenrevier]. Auf Grund seiner Fähigkeiten wurde er ins Krankenrevier aufgenommen, wo er sich keineswegs darauf beschränkt hatte, sein eigenes Leben zu retten. Viele von uns waren durch seine Aufnahme getröstet worden, durch sein Lächeln, durch seinen inspirierenden Optimismus. Andere erhielten ein Blechnapf mit Suppe oder ein Stück Brot, was ihnen ein wenig Kraft und Hoffnung gab. Wir wohnten höchst erstaunt diesem Sturz des Helden bei. Neben seiner Güte besaß Jacques auch eine Körperkraft, die sich in den zwei Jahren, die wir ihn in den Konzentrationslagern erlebt hatten, weitgehend erhalten hatte. Am 18. Januar [nach dem oben zitierten Text war es der 19. Januar] hatte uns diese Kraft im Waggon beschützt. Seine klare Sicht und sein Urteilsvermögen in Notsituationen hatte uns die Agonie in diesem Durcheinander erspart, in dem so viele andere gestorben waren. Und das war nun er, der gefallen war, nun da wir fast am Ende der Angelegenheit angelangt und der Rückkehr nahe waren. Wir fragten seine Träger, was ihm im Laufe des Tages geschehen sei. Niemand wusste es genau. Einer der Träger antwortete zweideutig: „Transport“. Das bedeutete einerseits die Evakuierung vom Januar, wo selbst die Stärksten unter uns zu Grunde gegangen waren, andererseits deutete es auf das Transportkommando für Material hin, dem Jacques zugeteilt worden war. Dort hatte er seine letzten Stunden verbracht, fern von uns, ohne dass er uns zu Hilfe rufen konnte [41, S. 41–42].

[81] Die Freunde von Jacques Feldbau, die in der Schilderung seines Endes auftreten, sind Jean-Paul Blum, Agraringenieur und enger Freund, Francès, Philosoph und immer anwesend, und Ayache, der Anwalt (ich folge hier immer [20])

Kapitel 3
Erinnerungen an Jacques Feldbau

Déjà la pierre pense où votre nom s'inscrit
Déjà vous n'êtes plus qu'un nom d'or sur nos places
Déjà le souvenir de vos amours s'efface
Déjà vous n'êtes plus que pour avoir péri

Louis Aragon, *La guerre et ce qui s'en suivit*, in [4]

3.1 Das Warten

Die Freunde und die Familie von Jacques Feldbau warteten auf seine Rückkehr. Nach dem Brief von Jacques „Laboureur", der in Abschn. 2.8 (Brief an Cartan) zitiert wurde, hatte Henri Cartan einen Brief aus Auschwitz erhalten, der dort am 15. Oktober datiert worden war. Die Briefe der Deportierten kamen mal bei der „Union générale des Israélites de France"[1] an, mal nicht. Die Union forderte dann die Empfänger auf, zu kommen, um ihnen die Briefe auszuhändigen. Hier ist der Inhalt des Aufforderunsrundschreibens vom 1. Dezember 1943, das Henri Cartan aufbewahrt hat:

> Sehr geehrter Herr,
>
> wir freuen uns, Ihnen mitteilen zu können, dass Sie Sie betreffende Neuigkeiten von Herrn Jacques FELDBAU erhalten haben. Wir bitten Sie, unser Büro, 4, Rue Pigalle, am FREITAG, den 3. DEZEMBER zwischen 14 UHR und 17 UHR aufzusuchen.
>
> Wir nutzen diese Gelegenheit, Ihnen mitzuteilen, dass Sie zukünftig mit unserer Vermittlung 2 Mal im Monat dem oben genannten Empfänger Post zukommen lassen können.
>
> Selbst für die Postkarten, die den Stempel „Antwort aus Berlin" tragen, besteht die Notwendigkeit, die Antwort, die wir dem Empfänger übermitteln sollen, bei uns abzugeben.
>
> Wir machen Sie auf folgende Tatsachen aufmerksam:
>
> 1. Diese Karten müssen in deutscher Sprache geschrieben werden.
> 2. Die Umschläge müssen offen bleiben; die Briefe können sogar ohne Umschlag hinterlegt werden.

[1] UGIF wurde bereits in Abschn. 1.3, Teil ‚Widerstand', erwähnt.

M. Audin, K Volkert, *Jacques Feldbau, Topologe,* Mathematik im Kontext,
DOI 10.1007/978-3-642-25804-6_3,

3. Die Post muss in unserem Büro *4, rue Pigalle* vor dem 5. oder vor dem 20. eines Monats eintreffen.
4. Die Adressen des Empfängers und des Absenders müssen auf dem Brief selbst notiert werden.
5. Es können nur familiäre Nachrichten übermittelt werden. Politische und sonstige Fragen dürfen nicht in den Briefen enthalten sein. Im Falle des Verstoßes werden die Briefe von den Behörden einbehalten.
6. Bis auf Weiteres können bis zur Verkündung des Gegenteils kein Geld und keine Pakete geschickt werden.

In Erwartung Ihres Besuchs,
mit vorzüglicher Hochachtung

[gezeichnet]
Dr KURT SCHENDEL

[Stempel]
U.G.I.F.
Service de correspondance et
Recherches de Familles[2]
4, Rue Pigalle (9^e^)

Am selben Abend noch notierte Henri Cartan auf der Rückseite der zitierten Mitteilung den französisch gehaltenen Entwurf für seine Antwort an Jacques Feldbau:

3. Dez. 43

Mein lieber Freund,

mit großer Freude erhielt ich heute Ihre Karte vom 15. Oktober. Ich hoffe, es geht Ihnen weiterhin gut und Sie sind zufrieden [gestrichen: erfreut] mit ihrer neuen Arbeit. Ist das Klima nicht allzu rauh? Schicken Sie mir regelmäßig Neuigkeiten [gestrichen: ich vergesse Sie nicht], es macht mir Freude, Ihre Freunde und Ihre ehemaligen Lehrer daran teilhaben zu lassen. Gegenwärtig sind sie in Ferien und profitieren von diesen, um sich auf dem Land auszuruhen. [gestrichen: Ich hoffe, Ihnen] Ich [gestrichen: werde Ihnen bald wieder] denke, dass ich Ihnen bald wieder schreiben kann. Mit meinen besten Wünschen zum neuen Jahr,
Ihr ergebener

Anschließend hat Cartan diesen Text ins Deutsche übersetzt. Auf demselben Blatt findet sich auch der Entwurf des nächsten Briefs (auf Französisch und auf Deutsch):

3. Jan. 44

Mein lieber Freund,

seit der Karte vom 15. Oktober habe ich keine Neuigkeiten von Ihnen empfangen. Haben sie meinen Brief vom 3. Dezember bekommen? Sind Sie immer noch zufrieden mit Ihrer Arbeit? Ich habe gute Nachrichten von Jeanne und ihren Eltern erhalten; sie haben immer noch dieselbe Wohnung und tanken regelmäßig auf dem Land auf. Ihr Professor erfreut sich guter Gesundheit [gestrichen: er bereut, nicht] und sendet Ihnen seine freundschaftlichen Grüße. Wir denken viel an Sie und hoffen, dass Sie bald wieder Ihre wissenschaftliche Tätigkeit aufnehmen können.

---

[2] etwa: Dienst für Korrespondenz und Familiensuchdienst

Cartan hat auch den Entwurf des Briefs, den er am 3. März[3] abschickte, aufbewahrt. Es sieht so aus, als hätte Cartan gleich in deutscher Sprache geschrieben:

3. März 1944

Mein lieber Freund,

immer ohne Nachricht von Ihnen seit ihrer Karte von 15-10-43. Ich hoffe, dass Sie immer gesund sind [gestrichen: und um ihre Arbeit] un dass die Kälte nicht zu schwehr zu erdulden ist. Jeanne geht es immer gut; sie schickt [gestrichen: mich] mir Nahrung und Kleidung für seinen kleinen Bruder [Streichungen] dem wir haben ihn bei uns während des Winters genommen. Ihr ehemaliger Professor ist immer gesund; er vergisst Sie nicht und lässt Sie herzlicher grüssen. [Gestrichen: Glauben Sie mir] Ihr treu ergebener. H.C.

Dann wurde er am 31. Juli nochmals aufgefordert (auf dem Rundschreiben hatte sich nur das Datum geändert), man müsse ihm eine Karte von Feldbau aushändigen. Cartan beeilte sich, auf diese zu antworten (der deutschsprachige Entwurf, den wir hier zitieren, findet sich auf demselben Umschlag wie der eben zitierte Entwurf):

3. August 1944

Mein lieber Freund

Ihre Karte von 30-1-44 [gestrichen: ist hier vor 3 Tage] hat mich vor 3 Tage angetroffen. Ich bin sehr glücklich zu wissen dass Sie gesund waren une meine ersten Paketen gut erhalten hatten. Jeanne und seinen Eltern geht es immer gut, ihren ehemaligen Professor auch. Ich hoffe, dass ich Sie [gestrichen: wieder] bald wiedersehe und wir Mathematik gemeinsam arbeiten. Herzliche Grüsse. H.C.

Während die erste Karte von Feldbau eineinhalb Monate, nachdem sie geschrieben wurde, ankam, brauchte die zweite sechs Monate, um zu ihrem Empfänger zu gelangen. Entgegen dem, was der Punkt sechs des Reglements besagte, hatte Cartan ein Paket (zweifellos am 3. Dezember) abgeschickt, das (vor dem 30. Januar) ankam. Die „Jeanne“, von der in diesen Briefen die Rede ist, war bestimmt Jeannette Feldbau. Die kryptische Erwähnung des kleinen Bruders von Jeanne im Brief vom 3. März deutet vielleicht an, dass Cartan ein (zweites) Paket geschickt hat, das von Jeannette gepackt worden war.

Selbstverständlich war es aus Sicherheitsgründen ausgeschlossen, der Familie direkt zu schreiben. Vielleicht hat Feldbau nur an Cartan geschrieben, weil er annahm, dieser sei weniger bedroht als seine Familie oder seine jüdischen Freunde und könne die Neuigkeiten weitergeben – was Cartan auch getan hat, wie die Erwähnung von „Jeanne“ in den Briefen belegt.

★

Und dann kam die Befreiung. Es ist heute schwierig, sich die endlos lange Zeitspanne vorzustellen, welche mit der Befreiung (August–September 1944) begann und nach Kriegsende (Mai 1945) zu Ende ging, als gewiss war, dass alle, die zurückkehren müssten, auch tatsächlich zurückgekehrt waren. Genauso musste man die Gewissheit akzeptieren, dass diejenigen, die nicht zurückgekehrt waren, niemals zurückkehren würden.

[3] Die Briefe sind alle auf den 3. datiert, um der dritten Regel aus dem Rundschreiben Genüge zu tun.

Familie Feldbau wartete auf die Rückkehr von Jacques. Die Familien warteten. Familie Cartan, beispielsweise, wartete auf die Rückkehr eines der ihren, des Physikers Louis Cartan, der als Mitglied der Résistance im September 1942 verhaftet worden war und von dem sie keinerlei Nachrichten bekommen hatte.

Auch Freunde und Kollegen warteten. Die Befreiung hatte stattgefunden, die Institutionen nahmen ihre Arbeit wieder auf und die Kollegen von Feldbau bereiteten dessen Rückkehr vor. Wie wir gesehen haben (Abschn. 1.3, Teil ‚Jacques Laboureur', Brief Clermont-Ferrand v. 22.2.1943) hatten Ehresmann und Cartan Anfang 1942 versucht, für Feldbau ein Stipendium zu bekommen. Nach der Befreiung schrieb Ehresmann am 24. November 1944 von Clermont-Ferrand aus an Cartan:

> Mein lieber Freund,
>
> heute erst habe ich erfahren, dass die Kommission, die mit der Verteilung der Forschungsstipendien betraut ist, am nächsten Dienstag tagen wird und dass Du deren Mitglied bist. Kannst Du auf den Fall Feldbau aufmerksam machen? Wäre es möglich, seinen letzten Antrag auf Erneuerung seines Stipendiums in Betracht zu ziehen? Ich bin überzeugt davon, dass es wirklich wichtig ist, dass Feldbau seine Dissertation fertigstellen kann; die von ihm erzielten Resultate reichen mehr als aus und es besteht die Gefahr, dass Publikationen zum gleichen Thema vor seiner Dissertation erscheinen könnten. Seit heute, dem Tag, an dem Strasbourg befreit wurde, kann man eine baldige Rückkehr der Deportierten erwarten. Normalerweise aber wird die nächste Verteilung von Stipendien erst am Ende des akademischen Jahres stattfinden.
>
> Kann die Kommission der Erneuerung des Stipendiums von Feldbau zustimmen mit dem Hinweis, dass sie mit seiner Rückkehr nach Frankreich rechnet? [...]

Cartan wurde mit Erfolg aktiv. Das belegt Ehresmanns Antwort vom 11. Dezember 1944:

> Ich danke Dir dafür, dass Du zugunsten Feldbaus bei der Sitzung des „Centre [de] la Recherche" interveniert hast. Chabauty hat mir gesagt, dass Feldbau bei seiner Rückkehr sein Stipendium bekommen wird.

Die Zeit verging, Informationen begannen zu zirkulieren und der Optimismus, von dem die zitierten Briefe zeugen (man hat nicht den Eindruck, dass Ehresmann wirklich einschätzen konnte, was in den Konzentrationslager geschehen war und noch immer geschah), wurde gedämpft. Derselbe Ehresmann schrieb am 18. Mai 1945 an Cartan:

> Mein lieber Freund,
>
> wir haben erfahren, dass Ihr Neuigkeiten erhalten habt, die Euch wenig Hoffnung lassen, Deinen Bruder wiederzusehen. Diese Nachricht hat mich zutiefst getroffen. Dennoch weigere ich mich noch, an deren Richtigkeit zu glauben, bevor Ihr diese bestätigt bekommt. Solange es Zweifel gibt – und dies scheint mir hier der Fall zu sein – kann ich mich nicht entschließen, an Deine Eltern zu schreiben, aber ich bitte Dich, zu glauben, dass ich mit tiefsten Herzen Euren Schmerz nachempfinde. Ich hoffe, dass viele von jenen, die von sich noch keine Nachricht gegeben haben, dennoch zurückkehren. Unsere Unruhe bezüglich meines Schwagers wächst auch von Tag zu Tag, weil er noch kein Lebenszeichen geschickt hat. Täglich denke ich an Cavaillès, von dem man, soweit ich informiert bin, nichts weiß. Gleichermaßen beunruhigt bin ich in dem, was Sadron, Yvon, Feldbau, etc. [...] anbelangt.

Louis Cartan war am 3. Dezember 1943 enthauptet worden. Wie wir bereits bemerkt haben, wurde Cavaillès am 17. Februar 1944 erschossen. Der Chemiker Charles Sadron kehrte im Juni 1945 heim, auch Jacques Yvon kam aus der Deportation zurück (beide wurden anlässlich der Razzia vom 25. November 1943 verhaftet).

Jacques Feldbau ist nicht heimgekehrt.

★

Der zum Verschwinden bestimmte Deportierte Jacques Feldbau ist nicht verschwunden. Wie wir gesehen haben, ist bekannt, wo und wie er gestorben ist. Ich habe das Zitat von Francès, das das vorangehende Kapitel beschließt, verkürzt. Francès fügt hinzu:

> Niemand weiß, was aus seinem Leichnam geworden ist an diesem Ort ohne Krematorium.

Dieser Satz widerspricht dem, was später geschehen ist, denn die Schwester von Jacques Feldbau[4] konnte seine sterblichen Überreste in die Heimat überführen lassen. Sie wurden auf dem jüdischen Friedhof von Strasbourg in Cronenbourg in dem

Abb. 3.1 Ein „Name in Gold" auf einer Plakette

[4] Der Vater ist 1952 gestorben, die Mutter 1958 (diese Informationen stammen von Joëlle Debré). Yvonne Lévy hat mir von Jeannette, der Schwester von Jacques Feldbau, erzählt, die damals noch in einem Seniorenwohnheim in Strasbourg lebte und die den Verlust des Bruders nie verwunden hat:

> Einer ihrer Freundinnen im Seniorenwohnheim hat mir mitgeteilt, dass sie erst kürzlich gesagt habe „Wie kann ich essen, wenn mein Bruder vor Hunger gestorben ist?"

Bereich, der dem Militär vorbehalten ist, beigesetzt. Die Regionalzeitung „Les Dernières Nouvelles d'Alsace"[5] kündigte dies am 30. Oktober 1957 an:

> Die Beisetzung der sterblichen Überreste von Herrn Jacques Feldbau, ehemaliger Student der „Ecole normale supérieure" [sic!], Forschungsbeauftragter, „Agrégé" in Mathematik, gestorben in der Deportation zu Ganacker (Niederbayern) am 22. April 1945 findet in aller Stille am Donnerstag, den 31. Oktober, um 14.30 Uhr auf dem israelitischen Friedhof in Cronenbourg statt. Jacques Feldbau findet seine letzte Ruhe auf dem Ehrenfriedhof der für Frankreich Gestorbenen. Dieser junge Mann, dem eine brillante Karriere bevorstand, hat sich in den feindlichen Auseinandersetzungen als Fliegeroffizier nachdrücklich ausgezeichnet. Als Student an der Universität unserer Stadt hat er Zeugnisse seiner außergewöhnlichen Begabung in vielen Gebieten gegeben. In Clermont-Ferrand wurde er mit vielen Kameraden von der Universität Strasbourg durch die Gestapo verhaftet. In den Todeslagern hat er ebenso viel Mut wie Patriotismus und Vertrauen in das Schicksal seines Vaterlands gezeigt. Die Universität Strasbourg hat ihm kurz nach der Befreiung einen Saal des mathematischen Instituts gewidmet, der seinen Namen trägt, um das Gedenken an ihn zu wahren.

Und hier ist er immer noch, ein „Name in Gold" auf einer Plakette (Abb. 3.1).

3.2 Von „gestorben für Frankreich" zu „gestorben in der Deportation"

Die Verleihung des Titels „Gestorben für Frankreich" ist ein offizieller Akt, der den Zivilstand betrifft (der Titel wird am Rand der Sterbeurkunde eingetragen) und genauen Regelungen unterliegt.[6]

Der Fall von Jacques Feldbau taucht in der nachfolgenden Liste auf:

> [...] Jede Geisel, jeder Kriegsgefangene, jede vom Feind gefangene Person, jeder Deportierte, alle vom Feind Exekutierten oder in Feindesland oder in feindlich besetzten Ländern infolge feindlicher Verletzungen oder infolge schlechter Behandlung, infolge von Krankheiten, die erworben oder verschlimmert wurden, oder Arbeitsunfällen, welche sich während der Gefangenschaft oder der Deportation ergaben, Verstorbenen.

Dieser Titel wurde seiner Sterbeurkunde 1948 in Anwendung einer Anordnung des Ministers für Kriegsveteranen vom 1. August 1947 hinzugefügt.

Mir scheint, dass die alleinige Erwähnung dieser „Eigenschaft" auf der Ehrentafel für Feldbau heute einen wichtigen Aspekt der Realität seines Todes verdeckt. Obwohl Jacques Feldbau als Offizier an den Kämpfen der französischen Luftwaffe beteiligt gewesen war und obwohl er für die Résistance vor seiner Verhaftung und nach seiner Deportation gearbeitet hatte, starb er dennoch als deportierter und damit todgeweihter Jude nach einem Leidensweg, der ihn schließlich in den Tod führte, vor allem aber nach Schmähungen und Verletzungen, von denen sich selbst die Überlebenden niemals erholten.

---

[5] Neueste Elsässer Nachrichten

[6] Perec beschreibt in [71] die Ausstellung der Sterbeurkunde für seine Mutter Cyrla Szulewicz, die in Auschwitz verschwunden ist:

> Ein späteres Dekret [...] präzisiert: „Hätte sie die französische Staatsbürgerschaft besessen, so hätte sie Anrecht auf den Titel ‚Gestorben für Frankreich' gehabt."

Man erlaube mir, an dieser Stelle noch einmal Primo Levi [61, S. 145] zu zitieren:

> Bei uns in Italien ist der Tod der zweite Term des Binoms „Liebe und Tod", liebenswert personifiziert in Laura, Ermengarde und Clorinde. Es geht um die Laura von Petrarka und um Figuren von Manzoni und von Tasso. Der Tod, das ist das Opfer des Soldaten, der in der Schlacht fällt („Er stirbt für das Vaterland, er hat viel gelebt."), das ist „Ein schöner Tod ehrt ein ganzes Leben". Dieses unbegrenzte Repertoire von abwehrenden und tröstlichen Formeln war in Auschwitz kurzlebig (und ist es, nebenbei bemerkt, auch heute noch in jedem Krankenhaus): Der Tod in Auschwitz war vulgär, bürokratisch und alltäglich. Er wurde nicht kommentiert und „mit Tränen getröstet". Angesichts des Todes und der Gewöhnung an ihn verschwand die Grenze zwischen Kultur und Unkultur.

Der Ruhm und die Ehre der goldenen Inschrift im Marmor verdunkeln vielleicht das, was Primo Levi die Erinnerung an die Beleidigung nennt.

Gestorben in der Deportation

Das Gesetz, welches es erlaubt, den Titel „Gestorben in der Deportation" auf der Sterbeurkunde zu führen, ist recht neu (15. Mai 1985):

> Die Erwähnung „Gestorben in der Deportation" wird auf der Sterbeurkunde aller Personen angebracht, die die französische Staatsangehörigkeit besitzen oder Bewohner sind von Frankreich oder von Gebieten, die früher der französischen Souveränität unterstanden, oder von französischen Protektoraten oder Treuhandgebieten, die nach Verlegung in ein Gefängnis oder in ein Lager im Sinne von Artikel L. 272 des Gesetzes über die Militärpensionen von Invaliden und Kriegsopfern dort gestorben sind.

Im Falle Feldbaus wurde die Erwähnung „Gestorben in der Deportation" auf seiner Sterbeurkunde im Februar 1993 eingetragen als Folge einer Anweisung des „Secrétariat d'état aux anciens combattants" (etwa: staatliches Sekretariat für ehemalige Kriegteilnehmer) vom 10. Februar 1993.

3.3 Der Saal Jacques Feldbau und das Gedenken der Universität und des Mathematischen Instituts in Strasbourg

Die Marmortafel mit der goldenen Inschrift, die hier zu sehen ist, stammt aus dem Jahre 1947. Am 5. Juni 1947 organisierte das Mathematische Institut in Strasbourg eine Feier zur Eröffnung (inauguration) – oder, genauer gesagt, zur Einweihung (consécration) – zweier Säle dieses Instituts, die sich damals im Hauptgebäude der Universität, dem „Palais universitaire", befanden.[7] Einer der beiden war der „Saal Feldbau",

> der studentische Arbeitsraum, in dem er gelebt und gearbeitet hat.

[7] Es handelt sich dabei um ein „wilhelminisches" Gebäude der „Kaiser Wilhelm Universität", welche die Deutschen 1872 in Strasbourg einrichteten. Von ihm war schon in Abschn. 2.2, Ende Teil ‚Eine Anmerkung', die Rede. Vor diesem Gebäude wurde das Foto, das in der Abb. 3.2 zu sehen ist, gemacht. Bis in die 1970er-Jahre hinein beherbergte dieses Gebäude alle universitären Aktivitäten in Strasbourg.

Der andere war der Saal Paul Flamant.[8] Die Feier fand in Anwesenheit der Eltern und der Schwester von Jacques Feldbau statt. Ein Durchschlag der Festrede, die der Direktor Georges Cerf[9] bei diesem Anlass gehalten hat, ist in der Bibliothek des IRMA erhalten geblieben. Maurice Galeski, der seit September 1973 Bibliothekar des IRMA war, hat dieses Dokument im Schrank seines Büros gefunden. Er ließ es binden und hat es in das Regal mit den „Biografien" gestellt. Galeski kannte den Autor nicht (erst im Rahmen der vorliegenden Arbeit tauchte der Name Georges Cerf als Autor dieser Ansprache im Verzeichnis der Bibliothek auf). Derjenige Teil dieses Textes, der das Leben von Jacques Feldbau nachzeichnet, ist einfacher zugänglich, da er 1995 in [20] publiziert worden ist.

⋆

Nach dem Krieg begann das mathematische Leben in Strasbourg wieder; Henri Cartan war nach Paris gegangen.[10] Ehresmann hatte begonnen, ein regelmäßiges Seminar, das „Topologiekolloquium", zwischen 1951 und 1955 zu organisieren. Von diesem besitzen wir Ausarbeitungen von einigen Vorträge. Eine lange Liste von französischen und ausländischen Mathematikern belegt, dass man an den Ideen weiterarbeitete, die Ehresmann, Feldbau und andere in den Jahren 1930 bis 1940 initiiert hatten. Reeb hatte seine Promotion abgeschlossen, Paulette Libermann verteidigte ihre Dissertation.

Das hier abgebildete Foto (Abb. 3.2) zeugt davon. Es wurde im Juni 1953 von einem Fotografen der Tageszeitung „Les Dernières nouvelles d'Alsace" gemacht. Auf ihm ist ein beträchtlicher Teil der Blüte der Topologie zu sehen, welche sich um Ehresmann (in der Mitte) und Lichnerowicz (mit der Pfeife) schart. Ehresmann und Lichnerowicz waren die Organisatoren eines Kolloquiums zur Differerenzialgeometrie, dessen Teilnehmer sich auf den Stufen des Hauptgebäudes der Universität versammelten. Von den Mathematikern, deren Namen im vorliegenden Buch

[8] Paul Flamant (1892–1940), Spezialist für analytische Funktionen und Mathematikprofessor an der Universität Strasbourg, hatte eine sehr schwache Gesundheit, nachdem er im Ersten Weltkrieg verwundet worden war und in Kriegsgefangenschaft geriet. 1939 versuchte Flamant weder, sich ausmustern zu lassen, noch sich der Etappe zuordnen zu lassen. So fand er sich in den feuchten Kasematten der Maginot-Linie wieder, wo er einen Rückfall erlitt. Er starb Ende 1940, vergleiche [80]. Flamant war ein enger Freund der Familien Cartan und Cerf.

[9] Anlässlich des Besuchs, den Jacques-Vivien Debré und ich Jean Samuel abstatteten, hat uns dieser erzählt, dass Georges Cerf ihn nach dem Krieg gefragt habe, ob er wisse, ob Jacques Feldbau ein mathematisches Manuskript in Monowitz versteckt habe. Dabei dachte Cerf zweifellos an die Forschungen, von denen er (in [20], vergleiche auch Abschn. 2.8, Berichte von Schwartz und Cartan) behauptet hat, dass Jacques Feldbau diese verfolgt habe. Vergleiche auch [79, S. 149].

[10] Was ihn nicht daran hinderte, sich abermals für Jacques Feldbau einzusetzen: Am 5. Februar 1958 erreichte er, dass ihn das zuständige Komitee, das „Comité consultatif des universités" (Ein aus Lehrenden an Universitäten zusammengesetztes Gremium auf nationaler Ebene, das die Qualifikation von Kandidaten prüfte und dann Listen derjenigen Personen erstellte, die zum „Maître de conférence" oder zum Professor ernannt werden konnten.), posthum auf die Liste der Kandidaten für eine Stelle als „Maître de conférence" setzte. Dies erlaubte es Jacques Feldbaus Mutter, von der deutschen Regierung eine Entschädigungszahlung zu verlangen. Im Nachlass von Henri Cartan existiert ein Briefwechsel zu diesem Thema mit Jeannette Feldbau und dem Rechtsanwalt von Dorothée Feldbau.

Abb. 3.2 Kolloquium über Differenzialgeometrie, Strasbourg 1953

auftauchen, sind Laurent Schwartz und Georges de Rham zu sehen (nebeneinander gut erkennbar in der zweiten Reihe, Lichnerowicz in ihrer Mitte). Weiter erkennt man Beno Eckmann (ebenfalls in der zweiten Reihe, lächelnd, rechts), André Weil (dessen Stirn man erkennt, zwei Reihen hinter Schwartz) und Daniel Bernard (versteckt, hinten).[11] Schließlich sieht man die Schüler von Ehresmann, Paulette Libermann (die kleine junge Frau an der Seite von Ehresmann) und Georges Reeb (etwas versteckt, rechts oben).[12] Jacques Feldbau ist „derjenige, der fehlt".

⋆

Yvonne Lévy hat mir von einem Foto erzählt, welches Feldbau mit seiner Fliegermütze zeigt. Sie meinte, dieses müsse sich (oder müsste sich) in der Bibliothek der alten Universitätshauptgebäude befinden, im Saal Jacques Feldbau: „wenn man in das „Palais universitaire" reinkommt gleich links", erläuterte sie. Ich dachte, das Foto, von dem Yvonne Lévy sprach, sei das hier (Abb. 3.3) abgebildete; sie erklärte mir aber, dies sei nicht der Fall.

Ich habe sie auf die Marmortafel am Eingang der neuen Bibliothek hingewiesen und mich dann auf die Suche nach dem Foto gemacht (von dem ich befürchtete,

[11] Vergleiche den Artikel und die Liste der Teilnehmer in dem Buch [43] sowie den Artikel [7] für eine vollständigere Version der Liste der Mathematiker auf diesem Foto.

[12] Weiterhin erkennt man auf dem Foto Shiing-Shen Chern (rechts neben Schwartz), Heinz Hopf (rechts daneben, mit Krawatte), Wilhelm Süss (im dunklen Anzug hinter Paulette Libermann), Jean-Louis Koszul, René Thom, Marcel Berger und Bernard Malgrange (in der vorletzten Reihe); der große junge Mann ganz hinten ist John Milnor.

Abb. 3.3 Jacques Feldbau mit seiner Fliegermütze

dass es nicht existiere, was ich ihr aber nicht sagte). Ich begann, meiner Umwelt Fragen zu stellen und zu suchen.

Bemerkenswert ist, dass an der Universität Strasbourg keine – oder nur wenige – schriftliche archivierte Aufzeichnungen vorhanden sind.[13] Das betrifft sowohl die Natur- als auch die Geisteswissenschaften. Somit musste ich mich an das Gedächtnis meiner Kollegen halten. Die Bibliothek umfasste vor dem Umzug zwei Säle, einen für die Bücher und einen für die Zeitschriften, wobei der letztere, so erzählte man mir, für die Professoren reserviert war. Gemäß der Ansprache von Georges Cerf aus dem Jahre 1947 war der Saal ein „Saal für die studentische Arbeit". Mein Kollege Philippe Artzner erinnerte sich an das Foto von Feldbau; er meinte, es habe sich in den 1960er-Jahren im Saal der „Professoren" befunden.

Die Fachkundigen rieten mir, mich an Lucien Braun zu wenden. Lucien Braun sei das Gedächtnis der Universität, hat man mir gesagt. Lucien Braun ist Spezialist für Paracelsus; er war Student in Clermont-Ferrand gewesen und entkam aus dem Gefängnis in Moulins. Braun war Präsident der Universität Strasbourg II, die sich

[13] So unglaublich das auch klingen mag. So sind beispielsweise die Pläne unseres Gebäudes, das seit 1967 die mathematische Bibliothek beherbergt, unauffindbar.

kurze Zeit Universität Marc Bloch nannte, und Leiter des Straßburger Universitätsverlags („Presses universitaires de Strasbourg“, kurz: PUS). Braun hat mich sehr freundlich im PUS empfangen und hat mich in die theologische Bibliothek geführt, die sich in den Sälen befindet, die früher der Mathematik dienten. Und tatsächlich fand ich links vom Eingang das Gesuchte!

Die Theologie veranlasste die Mathematik zu einem doppelten Umzug, so erklärte mir meine Kollegin, die Spezialistin für Statistik, Janine Le Minor, die diese Umzüge auf Bitten von Jean Frenkel, dem damaligen Direktor des Mathematischen Instituts (ebenfalls ein Gedächtnis der Universität), organisiert hat. Den Sommer des Jahres 1966 und das akademische Jahr 1966–67 verbrachten die Straßburger Mathematiker in der Rue Goethe, in den alten Gebäuden der Chemie (heute beherbergen diese Gebäude das Institut für Psychologie), mit Beginn des akademischen Jahres 1967 sind sie in die heutigen Gebäude umgezogen. Während dieser ganzen Zeit lagerte die Bibliothek in Kartons verpackt in einem großen Saal. Diese etwas langen Erläuterungen sollen erklären, warum niemand mehr wusste, wohin das Foto gekommen war. Man hätte denken können, dass es in der ikonografischen Sammlung der BNUS[14] gelandet sei, was aber nicht der Fall war, wie mir eine Nachricht von Marie-Laure Ingelaere klar machte. Eine andere Möglichkeit war, dass es der Familie zurückgegeben worden wäre. Aber auch dies traf nicht zu, wie mir Joëlle Debré sagte.

Mehrfach drückte ich mein Erstaunen aus: Man konnte doch nicht das Foto eines Kollegen, der in der Deportation für Frankreich gestorben war, einfach wegwerfen. Hinzufügen muss ich, dass alle meine Gesprächspartner – Lucien Braun, Janine Le Minor, Daniel Bernard – der Meinung waren, das könne man sehr wohl.

Die Marmortafel wurde in der „neuen“ Bibliothek wieder angeschraubt. Dies muss seit den Installationsarbeiten so gewesen sein – jedenfalls war die Tafel schon da, als Maurice Galeski im September 1973 anfing.

Meine Kollegen Dominique Foata und Philippe Artzner erinnern sich an eine Feier «zu Reebs Zeiten». Dominique Foata berichtet, dass Jean Samuel an dieser Feier teilnahm. Samuel erinnert sich aber eher an die Feier von 1947. Sicher ist jedenfalls, dass der Saal Feldbau verschwunden war.

Jacques Feldbau hatte jedoch treue Freunde: Maurice Galeski berichtete, dass er in der Bibliothek im Mai oder Juni 1974 eine Person gesehen habe, deren Namen die Hilfskraft in der Bibliothek nicht richtig verstanden hatte und die den Eindruck machte, „als kenne sie Jacques Feldbau und die Mathematiker gut“; sie war gekommen, um die Marmortafel in der neuen Bibliothek anzuschauen.

⋆

Dennoch blieb Jacques Feldbau unser Kollege, er hatte bei seiner Passage Spuren hinterlassen wie die Randbemerkungen, die er – wie wir gesehen haben – in einem alten Topologielehrbuch angebracht hatte (vergleiche Abb. 1.10 im Kap. 1). Diese aufzufinden kam nicht unerwartet, denn er zitiert dieses Werk in einem seiner Artikel, musste es also benutzt haben. Er hat noch weitere Spuren hinterlassen; wir

[14] „Bibliothèque nationale universitaire de Strasbourg“, die Straßburger Universitätsbibliothek.

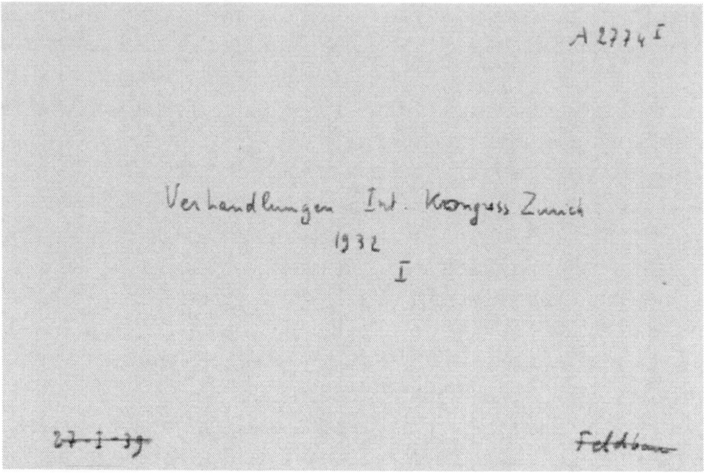

Abb. 3.4 Ein „Stellvertreter" in der Bibliothek des IRMA. (Im Französischen heißt Stellvertreter „fantôme", was auch „Phantom" bedeuten kann. Deshalb ist die Bildunterschrift auch zu lesen als „Ein Phantom in der Bibliothek des IRMA".)

werden vielleicht auch in Zukunft noch welche finden. Wenn man im ersten Band der Verhandlungen des Internationalen Mathematikerkongresses von 1932 (der in Zürich stattfand) blättert, so findet man darin eine Karte aus Bristolpapier (Abb. 3.4). Diese stammt aus der Zeit, als man entliehene Bücher durch einen Stellvertreter aus Karton im Regal ersetzte, der den Titel und die Signatur des ausgeliehenen Werkes, den Namen des Ausleihenden und das Datum der Ausleihe enthielt. Wir erfahren so in Jacques Feldbaus Handschrift, dass er dieses Buch im Januar 1939 ausgeliehen hat.

3.4 Feldbaus Sätze

Yvonne Lévy hat mir von einem Bericht von François Loeser erzählt, dass man die Ergebnisse, welche Jacques Feldbau in seiner Dissertation gefunden hat, in Universitätsvorlesungen behandelt. Dem stimme ich zu. Ich selbst habe Vorlesungen gehalten, in denen ich bewiesen habe, dass eine Überlagerung oder, allgemeiner, eine Faserung über einer zusammenziehbaren Basis trivial ist. Das ist ein Resultat von Feldbau; ich verwandte dabei eine Variante für Würfel des Lemmas von Feldbau über das Verkleben bei Simplizes, die ich in einer Vorlesung von Cartan [17] kennengelernt habe. Ich habe ein Skript [6] zu einer Vorlesung über algebraische Topologie verfasst, aus dem eine der Abbildungen des Kap. 1 stammt und eine weitere hier zu sehen ist (Abb. 3.5). Diese illustriert dieses Resultat; sie sollte den Leser an die Abb. 1.3 in Abschn. 1.2 erinnern, ohne dass ich daran dachte, den Namen des Entdeckers dieses Satzes zu nennen. Es ist wahr, dass dieser Name auch nicht

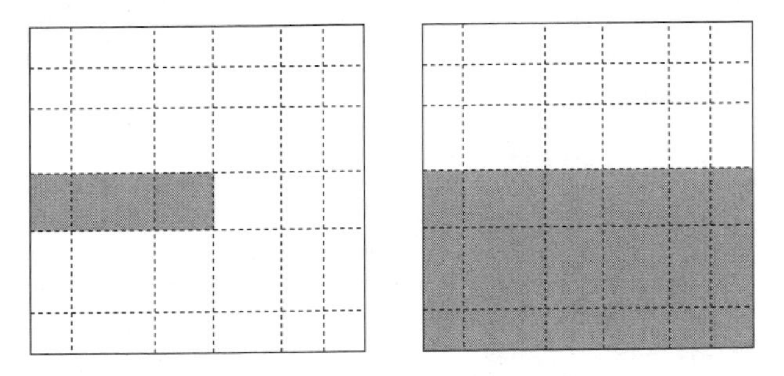

Abb. 3.5 Trivialität der Faserung über einem Würfel

in der Vervielfältigung [17] von Cartan auftaucht. Als die Mitarbeiter von Nicolas Bourbaki anlässlich ihres Kongresses in Royaumont vom 5. bis 17. April 1950 (Cartan war anwesend, Ehresmann allerdings nicht) einen Plan für ein Buch über „Faserungen“ entwarfen, vermerkten sie:[15]

> Fall mit auf einen Punkt zusammenziehbarer (oder differenzierbar zusammenziehbarer) Basis (Feldbau).

3.5 Feldbaus Dissertation

Als ich zum ersten Mal mit Pierre und Yvonne Lévy telefonierte, sagte Pierre Lévy nach einiger Zeit: „Er war mein Freund.“ Dann schwieg er und ich dachte, das Gespräch sei damit beendet. Aber Pierre Lévy wollte etwas für das Andenken seines Freundes tun. Was, das erzählte er mir dann:

> Später nach der Befreiung, als in absentia die Verteidigung der Dissertation von Maurice Audin[16] stattfand, besuchte ich die Professoren und fragte sie, ob man eine Verteidigung der Dissertation von Feldbau organisieren könne. Sie antworteten mir aber, es sei zu spät und die Angelegenheit erledigt.

Nach dieser ersten Unterhaltung lernte ich das Gutachten von Ehresmann kennen, das hier in Abschn. 1.3, Ende des Teils ‚Ein Gutachten von Charles Ehresmann‘, wiedergegeben ist. Danach habe ich mit Pierre und Yvonne Lévy gesprochen, die das Gutachten nicht kannten. Ich erzählte ihnen, dass das letzte unvollendete Manuskript von Feldbau von dessen Doktorvater Charles Ehresmann mit der oben zitierten Einleitung veröffentlicht worden sei, allerdings erst 1958/60 – also etwas nach der von Laurent Schwartz am 2. Dezember 1957 organisierten Verteidigung in absentia. Weiter erzählte ich, dass Ehresmann am 4. Februar 1958, wie wir

[15] Archiv Bourbaki, digitalisiert bei MathDoc, document `nbt_024.pdf`, Seite 30.

[16] Zur Geschichte der Verteidigung der Dissertation (am 2. Dezember 1957) des von der französischen Armee während des Algerienkriegs gefolterten und ermordeten Mathematikers vergleiche man [81, S. 382].

gesehen haben, ein Gutachten über die Arbeiten von Feldbau verfasst hat. Vielleicht dachte er demnach doch an eine Verteidigung?

Auf meine Anfrage hin antwortete mir Frau Ehresmann am 10. Mai 2007:

> Charles hatte das Gutachten über Feldbau geschrieben, um einen Zuschuss des Ministeriums für die Publikation seines posthumen Artikels zu bekommen [...] Damals hatte Charles ein bisschen mit Reeb gesprochen (und, so denke ich, auch mit Perol), um eine posthume Promotion zu organisieren. Das Projekt wurde jedoch nicht weiter verfolgt, weil einerseits das Manuskript hätte vervollständigt werden müssen, und sich andererseits administrative Schwierigkeiten ergaben.

Pierre Lévy hat mir berichtet, dass er sich an Henri Cartan gewandt habe und dass Simone Weiller mit Ehresmann reden sollte. Dies bestätigte sie; Simone Weiller erinnerte sich auch daran, André Weil in dieser Angelegenheit getroffen zu haben.

Kapitel 4
Über meine Quellen – mit Exkursen und Danksagungen

In diesem letzten Kapitel stelle ich meine Quellen vor. Nach einem Exkurs über die Geschichtsschreibung der jüngsten Vergangenheit im Elsass danke ich allen, die mir geholfen haben, den vorliegenden Text zu schreiben. Insbesondere werde ich erklären, wer die Freunde von Jacques Feldbau waren, die ich getroffen habe, jene, die ihn geliebt haben und deren Geschichten ich – wie sicherlich deutlich geworden ist – gehört habe.

4.1 Schriftliche Quellen

Die schriftlichen Quellen, die ich verwendet habe, waren überwiegend Bücher oder Artikel, die in der Bibliografie aufgeführt werden.[1] Die Mehrzahl der archivierten Dokumente, die ich genutzt habe, stammten aus

- dem Privatarchiv von Simone Weiller,
- den Protokollen der nicht-öffentlichen Sitzungen und den Mappen („Pochettes")[2] der Sitzungen der „Académie des sciences"
- dem Archiv des Gymnasiums Fustel de Coulanges in Strasbourg,
- den Nachlässen von Élie und Henri Cartan, die noch nicht inventarisiert sind, die ich aber glücklicherweise dennoch konsultierten konnte.
- dem Archiv der „Association des Collaborateurs de Nicolas Bourbaki",[3] welches vom Archiv Henri Poincaré digitalisiert worden ist und unter http://math-doc.ujf-grenoble.fr/archives-bourbaki/ zugänglich ist,
- dem französischen Nationalarchiv,
- dem Fonds Georges de Rham.

[1] Zu den bereits genannten Quellen kommt noch das Nachschlagewerk [69] hinzu, aus dem die hier verwendeten Informationen zu den Straßburger Straßen und Gebäuden stammen.

[2] Diese Mappen enthalten Materialien, z. B. eingereichte Manuskripte, welche in den jeweiligen Sitzungen der Akademie eine Rolle spielten.

[3] Vereinigung der Mitarbeiter von Nicolas Bourbaki.

M. Audin, K Volkert, *Jacques Feldbau, Topologe,* Mathematik im Kontext,
DOI 10.1007/978-3-642-25804-6_4, © Springer-Verlag Berlin Heidelberg 2012

4.2 Ein Exkurs über die schriftlichen Quellen

Wie allgemein bekannt und hier auch gesagt, erlebte der Antisemitismus in Frankreich in den 1930er-Jahren einen Aufschwung. In gesteigerter Form traf das auf das Elsass und auf Strasbourg zu: Bis zu dem Punkt, dass ein gut situiertes Restaurant in aller Öffentlichkeit erklären konnte „Für Juden verboten" – ohne dass dies größere Reaktionen hervorgerufen hätte. Ich lebe seit zwanzig Jahren in Strasbourg und ich interessiere mich für die Geschichte. Ich habe sehr wohl die Zeit gehabt, um zu verstehen, dass es schwierig ist (und das ist noch ein Euphemismus), gelassen die Geschichte der Annexion des Elsass im Dritten Reich zu schreiben. Man spricht nicht von Dingen, die Probleme erzeugen oder Konflikte heraufbeschwören könnten. Das drückt sich im bekannten „Enfin... redde m'r nimm devun" (Davon sprechen wir nicht mehr) und im komplementären „Sie können uns nicht verstehen" aus. Man spricht nicht darüber, also weiß man es nicht mehr, weshalb man nicht mehr versteht. Das trifft klarerweise auf die Geschichte der elsässischen Einberufenen – gewollt oder nicht – der „Malgré-nous"[4] – der Wehrmacht zu. Bis zur Arbeit an diesem Buch war mir aber nicht klar, dass es auch eine Amnesie gibt bezüglich der Jahre, die dieser Annexion vorangigen.

Wohl verstanden habe ich im Verlauf der Arbeit an diesem Buch, nach langer Suche und Anklopfen an die richtigen Türen, alle die Informationen bekommen, die mich interessierten, zum Beispiel die Artikel [88] und [89], welche in der „Bibliothèque nationale universitaire de Strasbourg" vorhanden sind, sonst aber nur wenig Verbreitung gefunden haben. Um mich von der Realität dieser Amnesie zu überzeugen, habe ich einen Nachmittag lang die für ein breites Publikum bestimmten Werke durchgeblättert, welche sich in den Regalen namens „Alsatia" zweier großer Straßburger Buchhandlungen fanden. Seit dem 50. Jahrestag des Prozesses von Bordeaux von 1953 gegen die SS-Leute von Oradour,[5] spricht man gelegentlich von den „Malgré-nous" (selbst wenn meiner Ansicht nach ein seriöses historisches Werk zu diesem Thema ein Desiderat bleibt). Ein neues Buch behandelt die „épuration".[6] Ein weiteres Buch bietet die „andere" Geschichte des Elsass – diese „andere" Geschichte lässt es einem kalt den Rücken herunter laufen, werden doch Seiten über Seiten detaillierten Schilderungen der unglückseligen Autonomisten der 1930er-Jahre gewidmet (während der Annexion trug die Place Kleber den Namen eines dieser Unglückseligen). Andere Themen kommen nicht vor. Dennoch gibt es

[4] Mit „Malgré-nous" [wörtlich etwa: trotz uns] bezeichnet man heute die während der Annexion zur Wehrmacht eingezogenen Bürger Elsass-Lothringens (eine ähnliche Situation ergab sich auch in Luxemburg und in manchen östlichen Gebieten Belgiens).

[5] Am 10. Juni 1944 ermordete die zweite Panzerdivision SS „Das Reich" alle Einwohner, 642 an der Zahl, Männer, Frauen und Kinder (die Frauen und Kinder wurden lebendig in der Kirche verbrannt) des kleinen Dorfs Oradour-sur-Glane (bei Limoges). Acht Jahre später fand in Bordeaux ein Prozess gegen 21 der an diesem Massaker beteiligten SS-Leute statt. Von diesen 21 waren 14 Elsässer.

[6] Die „Säuberung" zielte nach der Befreiung Frankreichs auf jene Personen, die mit den Autoritäten der Besatzer kollaboriert hatten. Klarerweise kamen in einer derartig aufgewühlten Zeit zu der Freude über die Befreiung und zum Wunsch nach Rache auch persönliche Rechnungen ins Spiel, weshalb es zu manchem Missbrauch gekommen sein mag.

mehrere Bücher, die eine „ehrliche“ Geschichte des Elsass versprechen. Ausgenommen das bemerkenswerte neue Buch [42] von Julien Fuchs, widmen sie nur eine Seite der Geschichte der 1930er-Jahre, auf der nur von der vom französischen Zentralismus verursachten „Malaise“ die Rede ist. Das große Thema dieser Geschichten sind die unverstandenen Elsässer.

Diese Regale zur elsässischen Geschichte bieten detaillierte, reich bebilderte Bücher über die Kuchenformen des Elsass an, über die Destillierapparate und den Kreuzstich sowie die Stelen auf den jüdischen Friedhöfen (alles immer im Elsass). Warum aber spricht man vom Antisemitismus im Elsass nur in vertraulichen und spezialisierten Veröffentlichungen wie [89]? Betrifft uns dies nicht? Sind wir nicht alle von den rassistischen und fremdenfeindlichen Ausrutschern und ihrer Aktivierung und Nutzbarmachung zu politischen Zwecken betroffen?

4.3 Bilder

Ich habe diese Arbeit „blind“ begonnen, ohne ein Bild von Jacques Feldbau gesehen zu haben. Ich hatte bereits eine gewisse Vertrautheit mit dem, was ich über seine Arbeiten erfuhr, mit seiner Biografie und seiner Persönlichkeit erlangt, als ich zum ersten Mal eine Fotografie von ihm sah. Es war die hier reproduzierte (Abb. 4.1).

Vielleicht dachte ich aufgrund des anfänglichen Fehlens von Bildern zuerst, dieser Text sollte nur Fotografien von Feldbau enthalten. Als Simone Weiller mir die Bilder aus Clermont-Ferrand zeigte, diese Fotos junger Leute, die trotz allem glücklich und – vor allem – lebendig sind, änderte ich meine Meinung. Ich beschloss, Bilder der Freunde von Jacques Feldbau mit aufzunehmen. Das waren in schwierigen Zeiten die Mathematiker Henri Cartan, Georges Cerf und Laurent Schwartz. Schließlich habe ich eine Ausnahme für die Ministerin Cécile Brunschvicg gemacht: damit auch eine Frau zu sehen ist.

Die Freunde hatten mir berichtet, Jacques Feldbau sei groß, schön, heiter, freundschaftlich gewesen; ich habe den Eindruck, die hier wiedergegebenen Fotografien betätigen dies – in ergreifender Weise.

Die Fotografie in der Einleitung und die Fotografien in den Abschn. 2.2, 2.3 und 2.4 sowie diejenige, die man hier sieht, wurden mir von Jacques-Vivien Debré zur Verfügung gestellt.

Die Fotografien von Clermont-Ferrand (welche in Abschn. 2.5 zu finden sind) hat mir Simone Weiller gezeigt, die für mich Kopien angefertigt hat. Sie war es auch, die mir ein Exemplar des Fotos mit der Fliegermütze, das in Abschn. 3.3 zu sehen ist, überlassen hat.

Das Foto von Georges Cerf hat mir Jean Cerf gegeben.

Was die Dokumente betrifft, die in Abschn. 2.2 reproduziert werden, so stammt das eine vom Gymnasium Fustel de Coulanges, das andere hat mir Josiane Olff-Nathan geliehen.

Die Mitschrift der Vorlesungen über die Geschichte des Elsass, von der ich einige Zeilen in Abschn. 2.5 abgebildet habe, gehört Simone Weiller.

Abb. 4.1 Jacques Feldbau mit Fliegermütze

Die (maschinengeschriebenen) Manuskripte der Noten, deren Autor Jacques Feldbau ist, befinden sich im Archiv der „Académie des sciences", welches mir deren Reproduktion erlaubt hat.

Das Buch von Kérékjartó gehört der Bibliothek des IRMA. Gleiches gilt für den Stellvertreter, der in Abb. 3.4 in Abschn. 3.3 abgebildet ist.

Was den Rest anbelangt, so habe ich selbst die beiden Fotografien des Eingangs der Bibliothek des IRMA gemacht und die mathematischen Figuren gezeichnet.

4.4 Die Familie von Jacques Feldbau

Die Nichte und der Neffe von Jacques Feldbau, Joëlle und Jacques-Vivien Debré, wurden nach dem Krieg geboren und kannten folglich ihren Onkel nicht. Wie ich aber schon erwähnt habe, hat ihre Mutter Jeannette Feldbau ihnen viel erzählt. Sie waren so freundlich, mir ihre Erinnerungen an diese Erzählungen zu schildern. Ich danke ihnen für die Zeit, die sie mir zur Verfügung gestellt haben und für die Fotos, die sie mir zusandten und die im vorliegenden Buch abgedruckt wurden.

Ganz besonders danke ich Jacques-Vivien Debré dafür, dass er den Besuch bei Jean Samuel arrangierte und für den Brief, den er mir geschrieben hat, nachdem er eine erste Version dieses Textes gelesen hatte.

4.5 Simone Weiller

Mein ganz besonderer Dank gilt Simone Weiller für die Dokumente, die sie mir gezeigt und gegeben hat, sowie dafür, dass sie eine erste Version dieses Textes gelesen und Ratschläge dazu gegeben hat. Vor allem aber danke ich für die freundliche Aufnahme.

Wie ich bereits erklärt habe, ist Simone Weiller eine Freundin von Pierre und Yvonne Lévy; sie war eine Freundin von Jacques Feldbau. Ich habe mit ihr am 30. April 2007 telefoniert, besucht habe ich sie zum ersten Mal am 18. Mai 2007, dann nochmals am 2. und am 26. Juni 2007. Sie hatte mir gleich gesagt, dass sie zurückhaltend und wenig mitteilsam sei. Dennoch war sie sehr zufrieden, mir von Jacques Feldbau erzählen zu können. Sie hat mir äußerst bewegende Dokumente gezeigt, schrecklich bewegende Dokumente, und mir Hinweise auf Quellen gegeben, die ich noch nicht kannte. Schließlich folgte eine Erinnerung auf die nächste, die Zeit spielte keine Rolle mehr.

Seither treffen wir uns regelmäßig.

4.6 Jean Samuel

Ich danke Jean Samuel und seiner Frau Claude für die freundliche Aufnahme, für die Erinnerungen von Jean Samuel, Claude Samuel für die geleistete Hilfe und beiden für die Antworten, die sie auf meine Fragen gaben.

Es war Yvonne Lévy, von der ich erstmals von Jean Samuel hörte. Als sie mir von der Mathematik berichtete, die Samuel mit Feldbau in Auschwitz betrieben hat, beschloss ich, ihn anzurufen. Anlässlich unseres zweiten Telefonats am 20. April 2007 sagte mir Frau Lévy auch, dass Jean Samuel ein Großcousin eines angeheirateten Cousins von ihr sei und dass sich Feldbau und Samuel in Auschwitz kennenlernten, weil beide sie kannten.

Ich gestehe, dass ich nicht den Mut hatte, einen älteren und mir unbekannten Herrn anzurufen und ihn zu bitten, mir von Auschwitz und Feldbau in Auschwitz zu erzählen. Also versuchte ich im Internet, etwas über Pierre Samuel zu finden. Samuel ist der elsässische Student, von dem Primo Levi im 11. Kapitel von „Ist das ein Mensch?" erzählt, der „Pikolo", mit dem zusammen er versucht, das Lied von Ulysse aus der „Göttlichen Komödie" beim Suppeholen zu rekonstruieren (vergleiche [60]). Jean Samuel wurde 1922 geboren, er besuchte das Gymnasium in Strasbourg, während des Krieges studierte er in Toulouse. Im März 1944 wurde er nach Auschwitz deportiert. Ich wagte nicht, ihn anzurufen; letztlich war es, wie ich schon erwähnte, Jacques-Vivien Debré, der ein Treffen von uns beiden mit Samuel am 9. Juni 2007 vereinbarte. Im September 2007 erschienen dann die Erinnerungen [79].

Jean Samuel ist am 6. September 2010 gestorben.

4.7 Pierre und Yvonne Lévy

Mein ganz besonderer Dank gilt Pierre und Yvonne Lévy für ihren Kuchen und das Rhabarberkompott, Symbole für die herzliche Freundlichkeit, mit der sie mich empfingen und mir ihre Geschichte erzählten. Ich danke ihnen auch für die aufmerksame Lektüre einer frühen Fassung dieses Textes und für ihre Anwesenheit bei meinem Vortrag im mathematikhistorischen Seminar von Norbert Schappacher in Strasbourg am 13. Juni 2007.

Ich hätte diesen Text sicherlich niemals geschrieben, hätte ich nicht Pierre und Yvonne Lévy dank François Loeser kennengelernt; Pierre Lévy ist ein angeheirateter Cousin von François' Mutter.

Pierre Lévy

Pierre Lévy wurde am 14. September in Reguisheim geboren. Sein Vater, der zur Armee eingezogen worden war, starb 1915 an der russischen Front.[7] Pierre ist pensionierter Mathematiklehrer (er hat während des Kriegs einige Jahre bei der SNCF[8] in Paris gearbeitet; offensichtlich war dieses Unternehmen mutiger als das staatliche Unterrichtswesen). Er war Kommilitone von Jacques Feldbau in den Jahren 1932 bis 1939, wurde dann wie Feldbau zum Luftwaffenstützpunkt Tours von 1939 bis Januar 1940 eingezogen. Danach hat er Jacques Feldbau nicht mehr gesehen.

---

[7] Natürlich geht es hier um die deutsche Armee, für die Pierre Lévys Vater gefallen ist. Alle Elsässer wurden damals in die deutsche Armee eingezogen.

[8] Akronoym für „Société nationale des chemins de fer français", die 1937 geschaffene französische nationale Eisenbahngesellschaft

Yvonne Picard-Lévy

Sie ist ein wenig jünger als ihr Mann (geboren 1920 war sie 1938–39 in der Vorbereitungsklasse „Math-sup"), Yvonne wurde in Wintzenheim bei Colmar[9] geboren. Sie war ebenfalls Mathematiklehrerin und ist nun im Ruhestand. Yvonne Lévy hat an der nach Clermont-Ferrand verlegten Universität Strasbourg ab 1942 studiert. Dort hat sie Jacques Feldbau kennengelernt.

Yvonne und Pierre Lévy haben an Fortbildungsveranstaltungen des IREM[10] in Strasbourg während der berühmten Zeit der „modernen Mathematik" in den 1970er-Jahren teilgenommen. Insbesondere waren sie in Veranstaltungen von Jean Frenkel und Georges Glaeser.

Zum ersten Mal habe ich mit ihnen an einem Sonntagmorgen (25. März 2007) ein langes Telefonat geführt. Frau Lévy nahm den Hörer ab, aber ihr Mann stand dabei neben ihr. Während des Gesprächs ging der Hörer zwischen ihnen hin und her. Es ist nicht einfach, am Telefon mit Leuten zu sprechen, die man nicht kennt. Ich berief mich auf François, der mir ihre Nummer gegeben hatte. Yvonne Lévy verstand aber nicht gut, was ich ihr sagte, und bat mich, ihr zu erklären, wer ich sei. Also habe ich mich vorgestellt. Sie verstand sehr wohl, dass ich Mathematikprofessorin bin. Also sind wir Kollegen, hat sie geantwortet, denn wir waren Mathematiklehrer. Weiter erklärte sie mir, dass sie und ihr Mann sechs Enkel hätten, die alle höhere Mathematik studierten (mit Ausnahme der jüngsten Enkelin, die erst dreizehn war). Der wahre „Sesam öffne Dich" war jedoch der Name Feldbau.

Die Lévys waren charmant, bewegt und rührend. Ich hatte viel Freude, mit ihnen zu reden. Am 20. April rief ich sie wieder an, um ein Treffen zu vereinbaren. Am 25. April besuchte ich sie in Mulhouse, ich verbrachte einen Nachmittag damit, ihnen zuzuhören. Am 6. Juni rief ich sie nochmals an, um einige Punkte in ihrer Geschichte der 1930er-Jahre zu klären. Pierre Lévy begeisterte sich für Geschichte, sein Gedächtnis war beeindruckend (selbst wenn man sein Alter nicht in Betracht zog).[11] Wir kamen auf die politische Situation in Strasbourg zwi-

[9] Vergleiche ihre Artikel [64] über Wintzenheim und [65] über Yvonne Picard und ihre Familie im Krieg.

[10] Die IREM, ein Akronym für „Institut de recherche sur l'enseignement des mathématiques" (Institut für Forschungen zum Mathematikunterricht) sind den Universitäten angegliederte Institute, in denen hauptsächlich aktive Lehrer in Teilzeit mathematikdidaktische Forschungen und Entwicklungen betreiben. Sie entstanden Ende der 1960er-Jahre.

[11] Da dies ebenfalls zur Geschichte des Mathematischen Instituts in Strasbourg gehört, ergänze ich: Ich hatte Pierre erzählt, dass ich mich für die Geschichte der Bücher in der Mathematikbibliothek interessiere. Nein, erwiderte er, er wäre nicht erstaunt, wenn die Nazis die französischen Bücher vernichtet hätten. Er erklärte mir, dass er 1939 Sekretär des Mathematischen Instituts gewesen sei und dass Henri Cartan – „Er ist hundert, aber ich glaube, er lebt noch" (was ich bestätigte) – ihn beauftragte, einen Stapel Bücher zu einem Buchbinder zu bringen. Nach der Befreiung fragte ihn Cartan, ob er wisse, wo die Bücher seien. Der Buchbinder hatte diese versteckt und man bekam sie wieder. Ich fragte, um wie viele Bücher es sich gehandelt habe. Er antwortete: So ungefähr zehn, aber Lévy wusste nicht mehr, um welche Bücher es ging. Man vergleiche hierzu auch die Korrespondenz von Cartan und Weil [9, S. 501]: Einige Zeitschriften, die sich beim Buchbinder befanden, fehlten Cartan in Clermont-Ferrand

schen den beiden Kriegen zu sprechen, insbesondere auf die „Autonomiebewegung“, auf den „Anschluss“ des Elsass, auf ihre Enkel, auf die Mathematikvorlesungen in Clermont-Ferrand und die Professoren, die sie hielten, auf die Nazi-Zeitschrift „Deutsche Mathematik“,[12] die Bücher der Bibliothek, ihr Berufsleben. Sie erzählten mir von ihrem Leben während des Krieges, vor allem, indem sie die Leute erwähnten, die ihnen geholfen haben. Wir sprachen auch ein zweites Mal über unsere Familiengeschichten. Es sei hier wiederholt: Alles war herzergreifend, optimistisch und sehr angenehm. Für den vorliegenden Text habe ich nur das aufgeschrieben, was direkt mit Jacques Feldbau zu tun hatte.

Natürlich habe ich mir Notizen gemacht. Natürlich gab es Wiederholungen. Folglich habe ich hier eine kondensierte Version unserer Gespräche wiedergegeben. Ich hoffe, das, was sie mir erzählt haben, möglichst treu aufgeschrieben zu haben. Ich hoffe auch, dass die Gefühle, die sich in diesen Unterhaltungen zeigten, für den Leser deutlich werden.

⋆

Ich weiß, dass meine Arbeit für sie eine große Befriedigung darstellte. Man wird verstehen, dass ich, obwohl ich sie nur einige Monate gekannt hatte, eine tiefe Trauer empfand, als ich vom Tod von Yvonne Lévy am 1. August 2007 erfuhr. Ich habe danach Pierre Lévy nochmals getroffen und wir haben mehrmals telefoniert. Er ist am 22. Januar 2011 gestorben.

4.8 Die anderen

Nachdem eine Version diese Textes im Internet zugänglich war, habe ich zahlreiche Nachrichten erhalten. Die meisten davon kamen von mir völlig unbekannten Personen. Diese Nachrichten haben mich sehr berührt, sie ermutigten mich, meinen Text in einer strengeren Form zu publizieren. Bei der vorliegenden Version habe ich auch von der Hilfe, den Dokumenten und dem Rat von mehreren „Lesern“ profitiert. Ich danke allen, die mich unterstützt haben.

⋆

In alphabetischer Ordnung danke ich: Philippe Artzner, Pierre Audin, Vazgain Avanissian, Sébastien Balibar, Daniel Bernard, Céline Bockel, Roland Brasseur, Lucien Braun, Suzanne Cartan, Jean Cerf, André Chervel, Nathalie Christiaën, Michel de Cointet, Christine Disdier, Andrée C. Ehresmann, Dominique Foata, Julien Fuchs, Maurice Galeski, Catherine Goldstein, Florence Greffe, André Haefliger, Christine Huyghe, Marie-Laure Ingelaere, Jean-Louis Koszul, Françoise Langlois, Janine Le Minor, Paulette Libermann, François Loeser, Hélène Nocton, Didier Nordon, Manuel Ojanguren, Josiane Olff-Nathan, Françoise Olivier-

[12] Pierre Lévy hat diese Zeitschrift sorgfältig studiert. Ein Leihzettel im Band von 1938 in der Bibliothek des IRMA belegt, dass Pierre Lévy, seinerzeit Mathematiklehrer am Gymnasium Lambert in Mulhouse, diesen 1974 ausgeliehen hat.

Utard, Michel Pinault, Claudine Pouret, Olivier Salon, Norbert Schappacher, Claude Sabbah, Marie-Hélène Schwartz, Léon Strauss, Grégory Thureau, Michel Zisman. Einige der Gründe, warum ich ihnen danke, folgen unten.

4.8.1 Die Institutionen

Ich danke

- den Mitarbeitern des Archivs der „Académie des sciences", insbesondere Florence Greffe und Claudine Pouret,
- dem Gymnasium Fustel de Coulanges in der Person von Céline Bockel, der Sekretärin des Schulleiters für ihre Nachforschungen im Archiv des Gymnasiums zu Jacques Feldbau,
- der BNU in Strasbourg in der Person von Marie-Laure Ingelaere, der für die Bilder in der BNU zuständigen Bibliothekarin für die Suche nach einem Porträt von Jacques Feldbau in ihren Sammlungen,
- der Bibliothek des IRMA in der Person von Christine Disdier für ihre Hilfe bei der Zusammenarbeit mit der BNU und von Grégory Thureau, die mir bei der Suche nach Dokumenten sehr geholfen hat.

4.8.2 Die Straßburger

Einigen meiner Kollegen im Ruhestand habe ich jede Menge Fragen gestellt. Die meisten haben mir geantwortet, fast alle freundlich. Manchmal ermunterten sie mich, meine Forschungen weiterzuführen, selbst dann, wenn sie nicht mehr genügend wussten, um mir die Antworten zu geben, auf die ich gehofft hatte. Ihnen allen danke ich. P. Artzner und M. de Cointet danke ich für die Zeit, die sie sich genommen haben, um mir zu antworten; Vazgain Avanissian[13], Daniel Bernard und Dominique Foata danke ich für ihre Antworten auf meine Fragen und ihre Ermutigung; mein besonderer Dank gilt Janine Le Minor für die Informationen über die Geschichte des Mathematischen Instituts.

Weiterhin bedanke ich mich besonders bei:

- Lucien Braun für seine Informationen zur Geschichte der Universität, für den geführten Besuch der ehemaligen Räume des Mathematischen Instituts und für seine Beteiligung an meinem Vortrag am 13. Juni 2007,
- Christine Huyghe für aufmerksames Korrekturlesen der vorletzten Version dieses Textes sowie für ihre freundschaftlichen Ratschläge,

[13] Vazgain ist am 16. November 2007, noch während ich an der ersten Version dieses Textes arbeitete, verstorben.

- Josiane Olff-Nathan für ihre Unterstützung, die Bücher, die sie mir geliehen hat, die rosafarbene Karteikarte, die in diesem Buch abgebildet ist, und ihren Rat anlässlich meines Vortrags am 13. Juni 2007.
- Françoise Olivier-Utard für die Ratschläge, die sie mir gegeben hat,
- Norbert Schappacher, dem „besten Büronachbarn der Welt", für seinen Rat und die Möglichkeit, in seinem Seminar über Jacques Feldbau zu sprechen, sowie für die vielen Diskussionen zu einzelnen Punkten, die in dem vorliegenden Buch angesprochen werden.
- Léon Strauss für seine Nachforschungen und seine bibliografischen Hinweise sowie für die Informationen zur Familie von Madeleine Lévy-Meiss, deren Schwester Jacqueline ebenfalls in der Deportation gestorben ist und die eine Freundin von Léon Strauss in dessen Kindheit gewesen war.

4.8.3 Die Mathematiker außerhalb von Strasbourg

Vor allem danke ich Paulette Libermann, mathematisch eine Art „kleiner Schwester" für Jacques Feldbau, dafür, dass sie mir die Sätze von Feldbau erläutert hat sowie für die freundliche Aufnahme und für ihre Erinnerungen an Ehresmann. Paulette Libermann konnte dieses Buch nicht mehr lesen, sie war bereits von uns gegangen.

Schließlich danke ich

- Pierre Audin für seine brüderliche Hilfe mit dem „Bulletin de l'Association des professeurs de mathématiques" (Akronym: APMEP),[14]
- Roland Brasseur für freundschaftliche Kommentare und großzügig überlassene Dokumente, die mir halfen, die hier dargestellte Geschichte besser dem Vergessen zu entreißen,
- Jean Cerf für den Hinweis auf die publizierte Fassung [20] der Festansprache seines Vaters und die Hinweise, die er mir zu seinem Vater und zu Paul Flamant gegeben hat, für seine Anmerkungen zu einer früheren Fassung dieses Textes sowie für die Fotografie und den Sonderdruck von [18], die er mir zugesandt hat,
- Andrée C. Ehresmann für ihre Antworten auf meine Fragen,
- Catherine Goldstein, die mich dazu veranlasste, die Mathematik von Jacques Feldbau in [8] zu studieren und damit auch hier besser zu erklären,
- André Haefliger für seine Erinnerungen an Ehresmann,
- Jean-Louis Koszul für seine Kommentare und seine präzisen Fragen, die mich dazu veranlassten, die Beziehungen Ehresmann-Weil-Feldbau (Abschn. 2.2, Teil ‚Die Topologie', und Abschn. 2.5, Teil ‚Mit André Weil') genauer zu ergründen, und dafür, dass er mir geschildert hat, wie er selbst die Atmosphäre in Strasbourg vor dem Krieg erlebt hat,

[14] Die von der APMEP herausgegebene Zeitschrift, die u. a. mathematikdidaktische Diskussionen dokumentiert und ein wichtiges Organ der Reformbewegung der „neuen Mathematik" gewesen ist. Die APMEP ist der Fachverband der (überwiegend gymnasialen) Mathematiklehrer im öffentlichen Schulwesen Frankreichs.

- Didier Nordon für die Hinweise zur Geschichte seines Vaters,
- Manuel Ojanguren für alle Informationen und Dokumente aus dem Fonds de Rham, die er mir geschickt hat,
- Claude Sabbah,
- Olivier Salon für den Hinweis auf die Bücher von François Le Lionnais und seines Vaters Jacques Salon,
- Marie-Hélène Schwartz für ihre Erinnerungen,
- Michel Zisman für seine Hilfe und seine Kommentare zur Bibliografie von Feldbau, welche mich veranlassten, die in Abschn. 1.4 aufgeworfenen Fragen zu stellen.

Schließlich danke ich François Loeser für die Anregung, Pierre und Yvonne Lévy zu treffen.

4.8.4 Und schließlich … die Personen, die weder Straßburger noch Mathematiker sind…

… und denen ich ebenfalls viele Fragen gestellt habe. Ich danke

- Sébastien Balibar für seine Anmerkungen und dafür, dass er mich mit Robert Francès zusammengebracht hat,
- Suzanne Cartan, die mich bei sich empfangen hat und mir Zugang zu den Papieren ihres Vaters Henri Cartan und ihres Großvaters Élie Cartan gewährt hat,
- André Chervel, Spezialist für die Geschichte der „Agrégation" und Autor von [24, 25] für seine Hinweise zum „Concours" von 1938,
- Nathalie Christiaën, Verantwortliche für die Publikationen der SMF für ihre Hilfe bezüglich des Archivs des „Bulletin",
- Julien Fuchs, Autor von [42] für seine Ratschläge und seine Informationen über die Jugendbewegung in Strasbourg während der 1930er-Jahre,
- Maurice Galeski, ehemaliger Bibliothekar des IRMA, für seine Erinnerungen und dafür, dass er mich an diesen teilhaben ließ,
- Françoise Langlois für die Informationen, die sie mir nach der Lektüre einer ersten Version dieses Textes über ihren Onkel Pierre Khantine gab,
- Hélène Nocton, ehemalige Bibliothekarin am IHP[15] für die überlassenen Dokumente,
- Michel Pinault, Wissenschaftshistoriker, Spezialist für den hier betrachteten Zeitraum und Autor von [72, 73], für seine Hinweise zu den für uns wichtigen wissenschaftlichen Institutionen im entsprechenden Zeitraum sowie für seine freundschaftliche Hilfe, insbesondere für seine Einführung in die Geheimnisse des Archivs der „Académie des sciences",
- Élisabeth Rémond, für ihre Bereitschaft, die Hefte ihrer Mutter Hélène Lutz der Bibliothek des IRMA zur Verfügung zu stellen,
- Brigitte Yvon-Deume, Bibliothekarin des IHP dafür, dass sie mir die alten Register dieser Bibliothek zugänglich machte.

[15] Akronym für Institut Henri Poincaré in Paris.

Literaturverzeichnis

1. P. Albertini, Les juifs du lycée Condorcet dans la tourmente, Vingtième siècle, Revue d'histoire **92**, 81–100 (2006)
2. C. B. Allendoerfer, A. Weil, The Gauss-Bonnet theorem for Riemannian polyhedra, Transactions of the American Mathematical Society **53**, 101–129 (1943)
3. R. Antelme, *L'espèce humaine* (Gallimard, Paris, 1947). Deutsche Übersetzung: *Das Menschengeschlecht* (Hanser, 1990)
4. L. Aragon, *Le roman inachevé, Œuvre poétique*, Vol. XII (Livre Club Diderot, Paris, 1979)
5. J. Aubrun, Cécile Brunschvicg, itinéraire d'une femme engagée dans son siècle, in *XIXe colloque de la Société d'histoire des israélites d'Alsace et de Lorraine* (1997), S. 111–120
6. M. Audin, Topologie: Revêtements et groupe fondamental. (ULP, Strasbourg, 2004, Cours de Magistère 2e année), http://www-irma.u-strasbg.fr/~maudin/courstopalg.pdf
7. M. Audin, Differential geometry, Strasbourg, 1953, Notices of the American Mathematical Society **55**, 366–370 (2008)
8. M. Audin, Publier sous l'Occupation I. Autour du cas de Jacques Feldbau et de l'Académie des sciences, Revue d'Histoire des Mathématiques **15**, 5–57 (2009)
9. M. Audin, *Correspondance entre Henri Cartan et André Weil.* Documents mathématiques (Société mathématique de France, Paris, 2011)
10. M. Audin, *Fatou, Julia, Montel, the Great Prize of Mathematical sciences of 1918, and Beyond.* Lecture Notes in Mathematics, vol. 2014 (Springer, New York, 2011)
11. M. Audin, R. Brasseur, Publier sous l'Occupation I. Addendum, Revue d'Histoire des Mathématiques **17**, 5–7 (2011). Addendum to [8]
12. H. Berr, *Journal* (Tallandier, 2008). Deutsche Übersetzung: *Pariser Tagebuch 1942–1944* (Hanser, München, 2009)
13. G. Bouligand, La géométrie et la topologie en France pendant l'Occupation, 1947, le Congrès de la victoire, supplément au fascicule 9 de l'Intermédiaire des Recherches mathématiques, S. 61–68
14. A. Bronner, L'arrestation des étudiants de la Gallia le 25 juin 1943, in *Les facs sous Vichy*, hrsg. von A. Gueslin. Publications de l'Institut d'Études du Massif central (Université Blaise-Pascal, Clermont-Ferrand, 1994)
15. P. Burrin, *La France à l'heure allemande* (Seuil, Paris, 1995)
16. H. Cartan, Souvenirs strasbourgeois, Gazette des mathématiciens **64** (1995)
17. H. Cartan, Certificat C3 d'algèbre et géométrie d'Orsay, vervielfältigtes Skriptum, Paris, 1973
18. H. Cartan, Georges Cerf, 16 janvier 1888–12 avril 1979, in *Annuaire des anciens élèves de l'École Normale Supérieure* (1983)
19. H. Cartan, J. Ferrand, Le cas André Bloch, Cahiers du Séminaire d'Histoire des Mathématiques **9**, 210–219 (1988)
20. G. Cerf, Allocution prononcée le 5 juin 1947, Gazette des mathématiciens **64**, 23–28 (1995)
21. J. Cerf, Réponse, Gazette des mathématiciens **64** (1995)

M. Audin, K Volkert, *Jacques Feldbau, Topologe,* Mathematik im Kontext,
DOI 10.1007/978-3-642-25804-6,

22. J. Cerf, Topologie de certains espaces de plongements, Bulletin de la Société Mathématique de France **89**, 227–380 (1961).
23. S. Chatterji, M. Ojanguren, A glimpse on the de Rham era, in *Schweizerische Mathematische Gesellschaft 1910* (European Mathematical Society, 2010)
24. A. Chervel, *Les lauréats des concours d'agrégation de l'enseignement secondaire (1821–1950)* (INRP, Paris, 1993)
25. A. Chervel, Brève histoire de l'agrégation de mathématiques, Gazette des Mathématiciens **59**, 3–24 (1994)
26. Colloque Jean Cerf, Gazette des mathématiciens **64** (1995)
27. R. Couty, G. Glaeser, C. Perol, L'essor des mathématiques à Strasbourg-Clermont entre 1940 et 1945, Gazette des Mathématiciens **65**, 19–22 (1995)
28. E. Crawford, J. Olff-Nathan (eds.), *La Science sous influence* (La Nuée bleue, Strasbourg, 2005)
29. *De l'université aux camps de concentration, témoignages strasbourgeois* (Presses universitaires de Strasbourg, Strasbourg, 1947), 4. Aufl. (1996)
30. G. de Rham, Quelques souvenirs des années 1925-1950, Cahiers du Séminaire d'Histoire des Mathématiques **1**, 19–36 (1980).
31. J. Dieudonné, *A history of algebraic and differential topology. 1900–1960* (Birkhäuser Boston Inc., Boston (MA), 1989)
32. A. Douady, Sur les travaux de Jean Cerf, Gazette des mathématiciens **64**, 5–15 (1995)
33. B. Eckmann, Naissance des fibrés et homotopie, Séminaires et Congrès, Société mathématique de France **3**, 21–36 (1998)
34. C. Ehresmann, Espaces fibrés associés, Comptes Rendus de l'Académie des Sciences Paris **213**, 762–764 (1941), in Zusammenarbeit mit Jacques Feldbau geschrieben
35. C. Ehresmann, Espaces fibrés de structures comparables, Comptes Rendus de L'Académie des Sciences Paris **214**, 144–147 (1942)
36. C. Ehresmann, J. Feldbau, Sur les propriétés d'homotopie des espaces fibrés, Comptes Rendus de l'Académie des Sciences Paris **212**, 945–948 (1941)
37. Jacques Feldbau, publiziert in [70]
38. J. Feldbau, Sur la classification des espaces fibrés, Comptes Rendus de l'Académie des Sciences Paris **208**, 1621–1623 (1939)
39. J. Feldbau, Sur la loi de composition entre éléments des groupes d'homotopie, Séminaire Ehresmann, Topologie et géométrie différentielle **2**, S. 0–17 (1958–60)
40. R.H. Fox, Homotopy groups and torus homotopy groups, Annals of Mathematics (2) **49**, 471–510 (1948)
41. R. Francès, *Un déporté brise son silence (Intact aux yeux du monde)* (L'Harmattan, Paris, 1997)
42. J. Fuchs, *Toujours prêts, Scoutismes et mouvements de jeunesse en Alsace, 1918–1970* (La Nuée bleue, Strasbourg, 2007)
43. *Géométrie différentielle, Strasbourg*. Colloques internationaux du CNRS (CNRS, 1953)
44. A. Gorny, Contribution à l'étude des fonctions dérivables d'une variable réelle, Acta Mathematica **71**, 317–358 (1939)
45. A. Gueslin (ed.), *Les facs sous Vichy*. Publications de l'Institut d'Études du Massif central (Université Blaise-Pascal, Clermont-Ferrand, 1994)
46. A. Haefliger, Charles Ehresmann, Gazette des Mathématiciens **13** (1980)
47. P. Hagenmuller, La rafle du 25 juin 1943, in *De l'université aux camps de concentration, témoignages strasbourgeois* (Presses universitaires de Strasbourg, Strasbourg, 1947), 4. Aufl. (1996), S. 1–4
48. F.C. Hammel, *Souviens-toi d'Amalek* (CLKH, 1982)
49. C. Hauter, La libération du camp de Buchenwald, in *De l'université aux camps de concentration, témoignages strasbourgeois* (Presses universitaires de Strasbourg, Strasbourg, 1947), 4. Aufl. (1996), S. 125–185
50. R. Höß, *Kommandant in Auschwitz*, 20. Aufl., hrsg. von M. Broszat (dtv, München, 2006)
51. G. Isotti-Rosowski, Primo Levi: Le témoignage en question, Chroniques Italiennes **13–14** (1988)

52. I. James (ed.), *History of topology* (North-Holland, Amsterdam, 1999)
53. B. Kerékjártó, *Vorlesungen über Topologie I.* Die Grundlehren der mathematischen Wissenschaften, vol. 8 (Springer, Berlin, 1923)
54. S. Klarsfeld, *Le calendrier de la persécution des juifs en France 1940–1944* (Les fils et filles des déportés juifs de France et The Beate Klarsfeld Foundation, Paris, 1993)
55. M. Klein, D'Auschwitz à Grossrosen et à Buchenwald, in *De l'université aux camps de concentration, témoignages strasbourgeois* (Presses universitaires de Strasbourg, Strasbourg, 1947), 4. Aufl. (1996), S. 501–510
56. J. Laboureur, Les structures fibrées sur la sphère et le problème du parallélisme, Bulletin de la Société Mathématique de France **70**, 181–186 (1942), Jacques Laboureur ist ein Pseudonym für Jacques Feldbau
57. J. Laboureur, Propriétés topologiques du groupe des automorphismes de la sphère S^n, Bulletin de la Société Mathématique de France **71**, 206–211 (1943), Jacques Laboureur ist ein Pseudonym für Jacques Feldbau
58. F. Le Lionnais, *La peinture à Dora* (L'Échoppe, 2000)
59. P. Levi, *Rapporto sulla organizzazione igienico-sanitaria del campo di concentramento per Ebrei di Monowitz (Auschwitz-Alta Slesia)* (1946). Deutsche Übersetzung: *Bericht über Auschwitz* (Basisdruck, Berlin, 2006)
60. P. Levi, *Se questo è un uomo* (Einaudi, 1958). Deutsche Übersetzung: *Ist das ein Mensch?* (Hanser, München, 2011)
61. P. Levi, *I sommersi e i salvati* (Einaudi, 1986). Deutsche Übersetzung (mit Moshe Kahn): *Die Untergegangenen und die Geretteten* (Hanser, München, 1990)
62. P. Levi, *Lilith* (Liana Levi, 1987)
63. P. Levi, *L'asimmetria e la vita* (Einaudi, 2002)
64. Y. Lévy-Picard, Scènes de la vie juive à Wintzenheim, in *XIXe colloque de la Société d'histoire des israélites d'Alsace et de Lorraine* (1997), S. 67–71
65. Y. Lévy-Picard, Un scandale à Dijon (1997), http://judaisme.sdv.fr/histoire/shh/dijon.htm
66. P. Libermann, Souvenirs de l'Ecole de Sèvres, in *A l'Ecole de Sèvres, 1938–1945* (1995)
67. C. Marbo, *À travers deux siècles, Souvenirs et rencontres (1883–1967)* (Grasset, Paris, 1968)
68. G. Maugain, La vie de la faculté des lettres de Strasbourg de 1939 à 1945, in *Mémorial des années 1939–1945* (Les Belles lettres, Paris, 1947), S. 1–50
69. M. Moszberger, T. Rieger, L. Daul, *Dictionnaire historique des rues de Strasbourg* (Le Verger, Illkirch, 2003)
70. *Organisation juive de combat* (Autrement, 2006)
71. G. Perec, *W ou le souvenir d'enfance* (Denoël, 1975). Deutsche Übersetzung: *W oder die Erinnerung an die Kindheit* (Suhrkamp, Frankfurt a. M., 1982)
72. M. Pinault, Frédéric Joliot-Curie, Thèse, Paris, 1999
73. M. Pinault, *Frédéric Joliot-Curie* (Odile Jacob, Paris, 2000)
74. Raport sur le concours, en 1938, de l'agrégation des sciences mathématiques, Bulletin de l'Association des professeurs de mathématiques **108**, 82–98 (1939)
75. G. Reeb, Le parcours d'un mathématicien, l'Ouvert, numéro spécial, 1–6 (1994)
76. C. Riva, M.-H. Sabard, Entretien avec Jean Samuel, in *l'École des lettres* (2002), http://judaisme.sdv.fr/histoire/shh/samuel/samuel.htm
77. A. Sabbagh (ed.), *Lettres de Drancy* (Tallandier, Paris, 2002)
78. J. Salon, *Trois mois dura notre bonheur*. Témoignages de la Shoah (Le Manuscrit, 2005)
79. J. Samuel, J.-M. Dreyfus, *Il m'appelait Pikolo, Un compagnon de Primo Levi raconte* (Robert Laffont, Paris, 2007)
80. L. Sartre, Notice sur Paul Flamant, in *Annuaire de l'association amicale des anciens élèves de l'École Normale Supérieure* (1948), S. 47–50
81. L. Schwartz, *Un mathématicien aux prises avec le siècle* (Odile Jacob, Paris, 1997)
82. S. Segal, *Mathematicians under the Nazis* (Princeton University Press, Princeton, 2003)
83. H. Seifert, Topologie dreidimensionaler gefaserter Räume, Acta Mathematica **60**, 147–238 (1933)
84. C. Singer, *Vichy, l'université et les juifs* (Les Belles Lettres, Paris, 1992)

85. C. Singer, L'exclusion des juifs de l'université en 1940–42: les réactions, in *Les facs sous Vichy*, hrsg. von A. Gueslin. Publications de l'Institut d'Études du Massif central (Université Blaise-Pascal, Clermont-Ferrand, 1994), S. 189–204
86. L. Strauss, Chronique de la faculté des sciences de Strasbourg repliée à Clermont-Ferrand (1939–1945), in *La Science sous influence*, hrsg. von E. Crawford, J. Olff-Nathan (La Nuée bleue, Strasbourg, 2005)
87. L. Strauss, L'université de Strasbourg repliée, Vichy et les Allemands, in *Les facs sous Vichy*, hrsg. von A. Gueslin. Publications de l'Institut d'Études du Massif central (Université Blaise-Pascal, Clermont-Ferrand, 1994)
88. L. Strauss, La crise de Munich en Alsace (septembre 1938), Revue d'Alsace, Strasbourg **105**, 173–188 (1979)
89. L. Strauss, L'antisémitisme en Alsace dans les années 1930, in *XVIIIe colloque de la Société d'histoire des israélites d'Alsace et de Lorraine* (1996),S. 77–89
90. L. Strauss, F. Olivier-Utard, Résister aux dictateurs fascistes, in *La Science sous influence*, hrsg. von E. Crawford, J. Olff-Nathan (La Nuée bleue, Strasbourg, 2005)
91. P. Vidal-Naquet, *Mémoires, tomes 1 et 2* (Seuil, Paris, 1997, 1998)
92. R. Waitz, Auschwitz III (Monowitz), in *De l'université aux camps de concentration, témoignages strasbourgeois* (Presses universitaires de Strasbourg, Strasbourg, 1947), 4. Aufl. (1996), S. 467–499
93. A. Weil, *Œuvres scientifiques, Volume I* (Springer, New York, 1979)
94. A. Weil, *Souvenirs d'apprentissage*. Vita Mathematica, vol. 6 (Birkhäuser, Basel, 1991). Deutsche Übersetzung: *Lehr- und Wanderjahre eines Mathematikers* (Birkhäuser, Basel, 1994)
95. H. Whitney, Topological properties of differentiable manifolds, Bulletin of the American Mathematical Society **43**, 785–805 (1937)
96. M. Wurm, Témoignages sur les juifs à Clermont (1940–1945), in *Les juifs de Clermont, une histoire fragmentée*. Études rassemblées par Dominique Jarassé (Presses universitaires Blaise Pascal, 2000)
97. M. Zisman, Fibre bundles, fibre maps, in *History of topology*, hrsg. von I. James (North-Holland, Amsterdam, 1999), S. 605–629

Printed by Publishers' Graphics LLC
SO20120626